JN198235

「石」に救われる

―石の書―

高木寛治

吉備人出版

「石」に救われる
―石の書―

はじめに

私は、昭和五四年四月、県の人事異動で県庁勤務となり、昼休みには後楽園周辺を散歩することを習慣にしていたが、ある日、園内で開催されていた「水石展」に遭遇し、「石」の持つ不思議な魅力の虜となった。自然のままで、不動・沈黙の地味ではあるが独特の確かな存在の美に、心が共鳴したのである。

私は、なぜ「石」に特別な関心を寄せるようになったのであろうか。「石」という名前の祖母にたいへん可愛がられたことも遠因の一つかも知れないが、根本理由は、「存在の不安」に根ざしているのではないだろうか、と思っている。このことについては、本書の第一章「石の黙示録」に記している。

以来、一時期、倉敷市内にあった「水石」趣味の愛石会に加入したり、自宅近くを流れている岡山県内三大河川の一つである高梁川の川原で石拾いに熱中したりした。石拾いには、今でも時々行くことがあるし、旅先では山中や海岸、川原などで石を拾って帰ることが多い。ただ、石は重いのが難儀である。

そして、「石」についてのあらゆることを学ぼうとしたのである。私は、古本が好きで、古書店巡りは単なる趣味を超える段階にあった。当時、岡山市内には、地方都市としては珍しいほど多くの古書店が存在していた。そこを訪ね歩いて、理系・文系を問わず、あらゆる分野にわたるたくさんの石に関する古本を収集することができた。県外に行ったときは、必ずその地の古書店に立ち寄ることにしていた。東京に行くときは、神田神保町、本郷、早稲田などのいずれかの古書店街に必ず立ち寄った。京都や大阪の古本市も楽しみにしていた。いくつかの古書店からは、定期的に目録も送ってもらっている。もちろん、新刊本で購入することもあった。

そのような中で、ある古書店の店主から、そこが発行している同人誌的な雑誌に執筆を勧められたのである。文書作りに自信のなかった私としては、なかなかその気持ちになれなかったが、「気楽な身辺雑記的なものでよいのだ」と、根気強いお勧めがあって私もこの機会を大切にしたいと気持ちが強まっていった。やっとのことで平成一一年八月二二日、最初の作品（本書の第七章「石と本（一）」）を脱稿したのである。
その後、徐々に石に関する随筆を書くことが生きがいとなり、いくつかの雑誌に作品を発表し、これまでに五冊の石の随筆集を自費出版してきた。第一集『石と在る』（「還暦」記念・平成一五年九月）、第二集『石に学ぶ』（「古希」記念・平成二五年五月）、第三集『石で変わる』（平成二八年一一月）、第四集『石を尋ねる』（「喜寿」記念・令和四年一月）、第五集『石を祀る―神々の里・総社のイワクラ（磐座）』（「傘寿」記念・令和五年九月）である（巻末に表紙と各集の目次一覧を掲載）。

この度、吉備人出版のご配慮で、以上の随筆集の自選集を出版していただくことになり、たいへん喜んでおります。今後さらに、第二集、第三集と続刊ができることを念じております。

なお最後に、本書は自選集の性質上、重複個所が随所に見られることをご容赦いただきたいと思っています。

目次

第一章　石の黙示録

はじめに

なぜ私は、「石」に特別な関心を寄せるようになったのであろうか。それは、「存在の不安」に根ざしているのではないだろうか、と思っている。無から、ある偶然によって生命が与えられ、生老病死の一生に向け、成長していかなければならない宿命を負わされる。両親と、その家族の温かな庇護の下に育っていくにしても、幼少期は何も解らず、頼りない不安いっぱいの毎日である。児童期から青年期にかけて、学校教育では様々なことが学べる。ありがたい制度ではあるが、不安解消に十分とはいえない。その環境に適応できない場合もでてくる。

一般社会で活動し始めると、その混沌とした広大な複雑性の中で、満足いく活動は容易には達成できない。ともかく、社会の全体構造と、確かな自己の立ち位置を知りたかった。そして、さらに存在の根源的な悩みが生じてくる。

生命や死や性、世界、自然、宇宙などは深淵で無限、かつ神秘的な存在に対し、十分には理解不能な不思議が頭を悩ませる。存在の「根源」と「全体」を理解しようと、自然科学書や社会科学書、哲学や宗教などの色々な分野の書物も繙いてみても、難しく理解困難な上に、なにかしっくりとこない。小説や映画、音楽、絵画、旅行、交友、学習、仕事、家庭生活などで、ある程度は癒されながらもずっと煩悶が続いていた。

そのような日々を送っていた時、たまたま立ち寄った「石」の盆栽とも言える「水石展」で、形容しがたい石の自然美と沈黙、そして多様な形態を備えた不動の、静寂の中の、小さいが堂々とした存在に、なぜか心魅かれる思いがしたのである。「石と在る」、「石に学ぶ」ことで、不安が少なくなるように感じられたのである。「石で変わる」ことができそうであった。四〇歳になる少し前のころである。

しばらくして、自宅近くを流れている、岡山県の三大河川の一つである高梁川の河原で、石拾いが始まった。子供時代、よく遊んだ思い出の多い場所である。このことについては、第四章「川原の石」（『らぴす』一二号、石の随筆第一集『石と在る』）に詳しく述べている。次々と、気にいった石ころが集まってきた。美しい模様や色、自然の造形に似た興味深い形の石、動物や人の顔に似た石もあって面白い。特にまん丸い石には、愛着が湧き、自然とその形に至るまでの長い時間に思いを寄せることになる。人の一生の時間どころの話ではない。幸いなことに高梁川の石の種類は、実に多彩である。興味が尽きない。

石についての学習が始まった。石について触れている理系・文系のあらゆる書物を、主として古本で集め始めた。「石」をテーマとした「詩」や、石を題名に含む小説などの蒐集も含まれる。そして、「石と人との関係」に関して、あらゆる視点から見て行くと、人の存在の根源的で全体的な位置づけが浮かび上がってきて、安心立命とも言える、自然で捉われない境地が得られるのではないかと思えるようになったのである。

さらに、石についての随筆を執筆することが生きがいを与えてくれている。石が、黙って存在の意味を教えてくれているのである。そして、国歌である「君が代」が、静かに「石」の存在を歌ってくれている日本という国に生を得た幸運を、しみじみとありがたく感じることのできる、穏やかな老齢の日々を迎えられていることに感謝している。そして、今も、「石を尋ねる」一度限りの人生の旅が続けられているのである。

「はやぶさ2」の偉業

令和二年は、新型コロナウイルス感染症のパンデミックで、世界中が重苦しい空気に覆われた。それを、「はやぶさ2」の偉業が、一服の清涼剤となって、ひと時ではあったが明るい気持ちにしてくれた。

打ち上げから、約六年間に当たる二一五九日で、五二億四〇〇〇万キロを飛行してきたのである。途方もない時間と距離である。二〇二〇年一二月六日、地球に帰ってきた。宇宙のかなたから、「石ころ」を採取して帰還してくる長い旅を無事に終えたのである。火星と木星の間に存在する小惑星帯にある「リュウグウ」に向かって、「はやぶさ2」が旅立ったのは二〇一四年一二月三日である。そして、二〇一八年六月二七日に「リュウグウ」に到達したのである。私たちには想像を超える、科学技術の成果である。驚くしかない。地球の成り立ちや生命誕生の起源解明に、採取された石ころが役立つのではないかといわれている。

考えてみれば、地球も一つの大きな石の集まりである。新たな石を造り続けている石の塊である。宇宙の無数の星々も、ガス状の物と共に、岩石から構成されている物が多い。私は、河原で手にする小さな石ころに無限の不思議を感じる。根源であり、全体を象徴していると言えば、言い過ぎであろうか。「石と在る」ことで、宇宙との一体感とともに安心が得られる。

石垣いろいろ

石と言えば、先ず石垣であろう。石垣については、第五章の「石と人」（石の随筆第二集『石に学ぶ』、『あとらす』二三号）の中に、「多彩な石垣・石積み」の一項を設けて記述している。石垣に接すると、安心感と希望が生まれる。様々な用途の石垣がある。

私が住んでいる総社市真壁は、高梁川の東に広がる小さな集落である。現在は、住宅街となってしまったが、昭和四〇年代以前は純農村といっても過言ではない地域であった。集落は田畑で囲まれ、幾筋かの高梁川からの用水が町内を流れている。それらには魚とりをはじめ、楽しい思い出がいっぱい詰まっている。蛍もいた。川は、多くが石垣で組み立てられている。石垣の隙間は、様々な種類の小魚や水棲昆虫などの住処にもなっている。

高梁川は暴れ川で、明治以前は幾たびも氾濫し洪水を起こしている。従って、真壁の多くの旧家は石垣の上に建てられている。しかし、明治の末から大正にかけて、現在の立派な堤防が築かれたため、水害はほとんど見られなくなった。ただ、上流にいくつかのダムが建設されるまでは、大雨が降ると堤防の上端近くまで水かさが増え、怖い思いをしたことがある。日頃は、広い河川敷があって穏やかな高梁川が濁流の大河となる光景を、子供時代には幾度も見た記憶が蘇ってくる。

真壁は総社平野の西端に位置し、なだらかな平地が多い。それでも周囲を取り囲む山々の山際や、高梁川に沿って少し上流にいくと平地は少なく斜面になった土地になってくる。このため、石垣を使って平らな土地を造成するのである。棚田といわれる見事な景観を呈している所も少なくない。真壁近辺では見かけないが、全国各地には石垣の壁の家や石垣の塀・田畑を風から守る低い石垣など、地域の風土にかなった様々な石垣を見る。沖縄や済州島などを旅行して、それぞれの地域の個性を発揮した、独特の石垣の風景を実見して、感動したことが思い出される。また、海岸では石垣でできた突堤もある。石垣で人々の生活が守られているといえる。

そして、石垣といえば城である。全国に数多くの城がある。巨石（鏡石）も使った見事な石垣は堅固で、美しい。それぞれの国を守るために権力を生かし、当時の最高の技術を駆使した様々な工夫が石積みになされている。全国各地の石の特性が存分に生かされているのである。そして、その土台の上に城が存在している。かつては厳しい戦場も想定した建築物であったが、今日、美しい日本の景観を形づくってくれている。石に感謝したい気持ちが湧いてくる。お濠の石垣も忘れてはならない。

美しい石橋、石段、石敷きの道

道の一部となっている、石橋・石段・石敷きの道は、安定感があって安心できる。人を、安全に次なる目的地に導いてくれる。安心であり、希望につながる。西洋ほどではないが、日本にも数多く見られる。九州地方には、特に石橋が多く、長崎の眼鏡橋は美しい。石庭などの小さな一枚岩の石橋も、美しい景観を形づくっている。

墓石と古墳、石仏・石碑・石塔など

私の住む、狭い真壁町内でも、高木家や栢野家、土屋家、加藤家、坪井家、中村家、金池家、松永家、西村家など、それぞれの一族の墓地が多くは石垣の土台の上に築かれ、分散して存在している。江戸時代中頃からの墓碑銘が確認できる。お会いしたことのない先祖を身近に感じることができるのである。そして、共に生き、先に逝った方々を偲ぶ大切な場所である。ただ、現在、墓石が危機に直面している。自分の墓を作らない人が増えているらしいのである。確かに、家族が分散して住むようになって、墓を守り維持していくことが困難になりつつある。

しかし、石に名を刻むことが、存在の証の最も確かな手段であることは、これからも重要とされるであろう。無限に名前が記憶され続けることはできないにしても。

総社には、多数の古墳が存在している。古代吉備文化の中心であった名残である。古代の当地の有力者を埋葬した墓である。中でも、全国一〇番目の規模の作山古墳が誇らしい。私は、天気が良ければ、一〜二週間おきにオートバイに乗って昼食を兼ねて、近くに行く。そこは、大和路に劣らない風景を満喫できる場所なのである。さらに、その周辺では、巨石の石垣で石室が形づくられている古墳の内部を見ることもできて、古代人の力を感じる。県内各地はじめ全国には、数知れない古墳がある。わが国の巨石を扱う技術は捨てたものではない。

そして、石仏や石塔、石の狛犬、石敢當などである。世界中でわが国ほど、多くの石の造形物を街の中や山や街道筋、寺社などに見ることができる国が他にあるのだろうか。九州地方の「田の神」も石仏の一種と言える。この点でだけでも、日本は石の文化の国と言ってもよいのではなかろうか。様々な思いが石に託されているのである。巨石に仏を刻んだ磨崖仏にも驚かされる。総社市内にもいくつか小規模の磨崖仏を見ることができる。詩碑、句碑はじめ、著名人の出生地や作品を紹介している石碑も数知れない。

真壁町内には、数カ所の地蔵堂がある。毎年、夏の決まった日に、町内の子供たちに駄菓子を手渡すお接待をする。子供たちの健やかな成長を見守って下さり、町内全ての人々の幸せと健康、長寿をかなえてくれているのである。花が絶やされることがない。また、日露戦争に従軍した町内の人の名を刻んだ「念忠碑」や、「金毘羅石灯籠」も存在する。これに類似したものは、日本国中どの地にも、様々なかたちで数多く存在していることを、旅をすると目にすることができる。日本人の、石に寄せる格別な思いの表れではなかろうか。

『石の宗教』（五來重、講談社学術文庫）という書があるが、「謎の石～序にかえて～」の書き出しは次のようになっている。「石にはどうして、こんなに謎が多いのだろう。（中略）これは自然界の謎を石が背負っているように、人間の心の謎を石が背負っているからだろうと思う。そして人間の心の謎は宗教の謎である」。
そして、「第一章　石の崇拝」、「第二章　行道岩」、「第三章　積石信仰」、「第四章　列石信仰」、「第五章　道祖神信仰」、「第六章　庚申塔と青面金剛」、「第七章　馬頭観音石塔と庶民信仰」、「第八章　石像如意輪観音と女人講」、「第九章　地蔵石仏の諸信仰、「第一〇章　磨崖仏と修験道」と続いている。

私は、大地の象徴としての「お地蔵さん」が好きで、旅先の土産物店などで目にした、小さな地蔵像を多数集めてきた。仏壇に置いている。また、地蔵信仰に関した書物も蒐集してきた。

『古事記』や『聖書』、そして民話や伝説の中にも「石」に関する話題が盛りだくさんであるのは、石に託する人間の気持ちの底知れない深さのためであろう。最後に、一〇〇〇頁近い大著『石神信仰』（大護八郎、木耳社）の存在を紹介しておきたい。石仏などの様々な形態が網羅されている。「石の謎・宗教の謎」という表題の一項が、これも第五章の「石と人」の中に入っていることを記しておきたい。

以上とは性格が異なるが、徒歩で旅をしていた時代、道案内としての距離や方角、地名などが刻まれた、各種の道しるべとなる石柱が、街道筋などの要所に建てられ、現在も数多く残っている。これらも旅人の安心に繋がるものであった。

巨石文明、磐座と石庭

エジプトのピラミッドやスフィンクス、ストーンヘンジをはじめとしたヨーロッパ各地のケルト文明の巨石遺産をはじめ、中南米やアフリカ、ポリネシア、インド、中国、韓国、アボリジニのオーストラリアなど、世界のあらゆるところに巨石文明の遺産が残っている。

しかし、わが国にも、『古事記』や『日本書紀』などに記載のある、独自の「磐座（いわくら）」という岩石祭祀の永い伝統がある。その多くは巨石である。平成一八年からイワクラ学会に加入し、全国各地の磐座を探訪することを楽しみにしている。毎回、驚きと感動の旅となっている。同時期、岡山県内を中心に磐座などを探訪していた「星と太陽の会（現在休止中）」にも参加し、毎月一回の例会に行っていた。探訪紀行文を、石の随筆集に多数収めている。

岡山県は全国の中でも磐座の数は突出しており、私の住んでいる総社を取り囲むほとんどの山に、磐座が存在している。ほとんどの人は、その存在を知ることなく一生を終えていくかもしれないのである。私はたまたま磐座の世界にめぐり逢うことができたので、多くの人に伝えるため、それらについて総社の地域情報誌『然』（年二回発行）に「総社のイワクラ（磐座）」として、シリーズで十数年にわたって連載している。とりあえず三〇回で完結したため、傘寿記念として令和五年九月に石の随筆第五集『石を祀る』として自費出版をした。

ところで、わが国の庭園は西洋とは違って、人工ではあるが自然の風景そのままの形態で整形されてない、ありのままの石も大きな意味を持って配置されている。日本の石庭は、古来からの磐座がルーツであると主張する方もおられる。また、大名庭園などには、陰陽石と言って、男女それぞれの性器を彷彿とさせるような岩が並んで置かれている。岡山の後楽園内でもいくつか目にすることができる。子孫繁栄を願って置かれているのである。磐座探訪会でも、各地で祀られている磐座としての巨岩の陰陽石や、金精様として、男根のような岩が祠（ほこら）に納められているのを、しばしば目にした。『古事記』の冒頭にも描かれている性の営みの大切さを、これらによって教えらえた。日本人は、性を決して恥ずかしく隠すべきものとしてではなく、おおらかに捉えてきたのである。縄文時代の遺跡で、多く発掘される大小の「石棒」も、男根として祀られてきたのではないかとの考えもある。不思議な石の造形物である。大湯遺跡など、東北や北海道の縄文遺跡で見られる環状列石は、性交の祭祀造形表現ではないかとの、ユニークな説を耳にしたことがある。

日常生活で使われた石

日常生活の中に、自然の潤いを取り込むことは大切なことである。人は、誰しも草花を身近に置いておきたがる。私が自然そのものである「石」に特別な関心を寄せる契機となった「水石」は、石の盆栽とも言える分野であるが、一部の人にしか愛好者がいない。残念なことである。石こそ自然を代表するものであることに、気付いてもらいたいものである。

かつて多くの家では、「漬物石」がごく普通に使われていた。何の変哲もないひと抱え程の石である。石の重さが重宝されたのである。私がぜひ勧めたいのが、文鎮代わりに、川原や海岸などで拾って来た気に入った小石を、日常的にいろいろな紙などを支える重しとして使用することである。そのことによって、生活の中に自然が取り込まれることになるであろう。

第六章の「日常生活の中の石」（石の随筆第二集『石に学ぶ』、『あとらす』二四号）の中で取り上げている石は、「軽石」「砥石」「硯」「石臼」「力石」である。それぞれに関して、詳しく解説を加えている。

石と言えば重いはずなのに、軽い、不思議な「軽石」は、現役でまだ広く活躍しており、私も風呂場に置いて踵を滑らかにするために重宝している。しかし、私が子供時代、多いに活躍していた「砥石」「硯」「石臼」は、普通の家ではほとんど使用することが無くなった。わが家でも祖父が農作業で使う鎌などを井戸端で、砥石で研いでいた姿が思い浮かぶが、今はほとんど使わず庭に置かれている。小学生時代、近所の書道教室（文化勲章受章者の高木聖鶴先生主催、高木聖鶴先生は父の従兄弟）に通っていた時は、必ず硯で墨を擦っていたが、今は家の中の片隅に置かれたままである。全国各地に多数ある、硯石の名産地の現状はどのようになっているのであろうか。岡山県にも県北に高田石がある。心配である。

石臼も餅つきやきな粉、米粉など作るのに大活躍していたが、今は家の片隅で使われることなく静かにしている。石臼が庭などで石敷きとして道となって活用されているのを見ることがよくある。有効活用であるに違いないが、少し淋しい気持ちに襲われることがある。石臼にも、様々な技術の粋が見られるのである。これに関する専門書もいくつか存在している。

ひと昔前までは、力自慢の人々が重宝されていた。それらの人々を称え、競わせるために「力石」という物があった。現在、全国各地で寺社の片隅などに放置されていることが多い。わが総社ではかなり前から町おこしの一環で、総社宮の境内で「力石」を持ち上げる競技大会が開催されている。全国各地から力自慢がやって来る。全国各地の力石を調査して、多数の本にしている方がおられる。

鉄道線路の敷石

子供時代、道路も未だ舗装が進んでいなかったため、石ころがそこら中に散らばっていた。迷惑を被ることもあったが、遊びの材料として不自由することがなかった。しかし、現在、あらゆる道の舗装ができ上がって、身近に石ころを目にすることが少なくなってきた。

そのような中で、毎日、利用させていただいている鉄道の線路を支えているおびただしい石ころは目立つ存在である。車輪と線路の摩擦で飛び散る鉄粉が酸化して赤茶けてしまっている。バラスト（砕石）道床軌道と称するらしい。洋の東西を問わず使われている。荷重を分散して衝撃を吸収してくれているのである。振動や騒音の低減に貢献している。そして、他の方法に比べて軌道の建設や復旧が容易であるとのことである。さらに、何よりも水はけがよくコストが安いらしい。

『鉄道用語事典』（久保田博、グランプリ出版）の該当部分から、一部を引用しておきたい。

「まくら木の下面から路盤表面までの道床の厚さは、線路の規格（通過トン数、列車速度によって選定）により二五〇〜一五〇ミリとしている。バラストの砕石は、花こう岩・けい岩・安山岩などの堅くて靭性に富んだ石を砕石機（クラッシャー）で七〇〜一五ミリ程度に破砕したものが、支持力・抵抗性が大きく、良好で、道床材料として最高のものとされている。大粒径比率が多いと空隙が増えて沈下に対する減り、小粒径比率が多いものは細粒化防止に好ましくなく、適正な粒径が望ましい。

砂利は山や川の天然産のものをふるい分け、所定の粒度の範囲内（砕石の場合と同じ程度）にしたものである。入手しやすいが丸い石が多くて支持力が劣り、列車回数の少ない線区や側線などに使用される。

バラストは軌道延長一キロメートルにつき約一〇〇〇〜一二〇〇〇平方メートル（約一五〇〇〜三〇〇〇トン）が必要で、列車走行の繰り返し荷重により摩滅減少したり路盤に沈んでゆくため、ときどき補充しなければならない」

「礎（いしずえ）」という字がある。柱石のことで、かつて建物の柱は適当な大きさの石で支えられていた。現在は、ほとんどコンクリートで置き換わってしまった。そのような中で、線路の敷石は貴重な存在である。石に感謝しないといけない。黙々と、安全で快適な生活を守ってくれているのである。現代社会の「礎」である。

石と遊び、玩具、趣味と芸術

『ふるさとを感じる　あそび事典　したいさせたい原体験三〇〇〇集』（山田卓三編・原体験教材開発研究グループ、農文協）という本がある。その中の「石体験」の項は、以下のような体験が列挙されている。

石に触る／石のにおいをかぐ／石をなめてみる／石をたたく／石を探す／石を並べる／石を割る／石でたたく、つぶす／石で絵や文字をかく／石の上を歩く／石で水切りをする／石で的当てをする／石けりをする／岩登りをする

自身の子供時代や三人の息子たちの幼いころ、五人の孫たちとの、庭や河原での石で遊んだ数々の懐かしい思い出が蘇ってくる。忍者になったつもりで、夢中で的をめがけて小石を投げたころが思い出される。石けり遊びも楽しかった。石けり遊びについては、絵本作家の加古里士(かこさとし)に、労作『伝承遊び考・2・石けり遊び考』（小峰書店）があることを紹介しておきたい。全国各地の遊びの違いを基に、石遊びとは何かということについて詳細な考察を行っている。

高梁川に行った時は、未だに「水切り」をしたくなる。この遊びにも達人がいるらしい。石での水切りに関する一書が存在し、全国大会も開催されているとのことである。子供に自然と触れさせる最も良いものは、石と水と昆虫と雑草と天体などである。中でも石は、手近な最高のワンダーランドの世界である。かつて、「子供時代の石」という小編を書いたことがある。これも、第五章「石と人」の中に一項として入っている。

前記の体験例の中に、「石を積む」が無いのはどうしたことだろうか。「石を並べる」の一部とみなしているのであろうか。子供だけでなく、人はなぜか石を積みたくなる。山の頂や河原などで、いくつかの小石が積まれた状態をよく見かける。全国各地の「賽の河原」と言われる場所の無数の石積み風景は圧巻である。様々な人々の霊を弔っているのであろうか。地蔵和讃の中の、物悲しい一節が思い出される。

石積みでは、最近知ったのであるが驚くべき世界が広がっている。インターネット上で、「ロックバランシング（石花）」で検索してみていただきたい。驚きと感動の世界である。遊びや趣味を超えた、求道の世界のようにも思えて仕方がない。

体験例に、さらに付け加えたいことがある。「石で絵や文字をかく」だけでなく、石に絵や文字を書いて遊んだり、いくつかの小石を接着剤で張り合わせて動物や仏、人形などを模して、玩具や置物にしたりしている。素晴らしい芸術作品になっているような例がある。私も、一時期、筆で石に詩文などを書いて楽しんだことがある。今も、部屋のあちこちに置いている。

さらに、「石を熱くする」ことも忘れてはならない。子供時代、冬、小学校に登校するため集合した場所では、よく焚火が行われ、そこでは小石を熱くして布に包んで、暖房とした思い出がある。

珍しいものに、不思議な自然石「名産・岩国石人形」（三〇〇年の伝統）がある。錦帯橋の下を流れている錦川に生息しているニンギョウやトビケラの巣である。米粒大のいくつかの石がつながっている。

私が石に惹かれる契機となった「水石」の世界は、趣味であり遊びであり芸術にもなっているのではなかろうか。奥の深い世界である。全国各地に同好会が存在し、全国組織もある。私も一時期、現在「山陽愛石会」に吸収されたが、「倉敷愛石会」に所属していたことがある。『愛石』という月刊誌も発行されており購読を続けている。美しい世界がある。

そして石彫である。石の中に眠っている無限の姿が、古代から現代に至る多くの作家によって掘り出されている。古代ギリシャや古代ローマ、そして古代エジプト、また中南米やイースター島などの驚くべき石彫の数々。そしてミケランジェロやロダン、イサムノグチをはじめとした無数の石彫作家たちの掘り出した美の世界に引きつけられる。

石の中に、誰かによって掘り出されるのをじっと待っている無限の形が存在しているのである。石には、総てがある。また、石の断面に現れる模様には、自然界や人々が作り出す人工物や未来の都市景観などのあらゆる姿が予言されているともいわれているのである。

子供時代の不思議な石たち

子供時代、不思議でならなかった石たちがある。石と言えば、硬く重いものなのに、風呂場にあった軽石は不思議であった。燃える黒い石である石炭も不思議で、蒸気機関車の時代、総社駅構内には石炭が山積みになっていて、そのおこぼれを拾いに行ったものである。宝物のように思えた。

石というより金属の一種であった磁石も珍しく、これを持って行って、高梁川の川原で砂鉄を集めて遊んだことも懐かしい思い出である。砂鉄が花崗岩の成分であり、古代製鉄の「たたら」原料となっていたことなどを知ったのは、随分と後になってからのことである。また、後年、地球も一種の磁石であることを知って、宇宙や自然の不思議が一段と深まってきた。

化石も驚くべき存在である。生物の発生以来の歴史が、石のなかに閉じ込められているのである。石の生成にも深く関わっている。高梁川の上流の支流に位置する成羽地方は植物化石の宝庫となっている。

鍾乳石や水晶も目にすることがあった。「欲しい」と思った。友達と、市内の石切場跡に行って、小さな水晶を見つけたような、記憶が残っている。事実だったのであろうか。夢だったのかもしれない。高梁川の上流、新見地方は石灰岩地帯で、カルスト台地にもなっており、石灰工場もいくつかある。有名な鍾乳洞もある。鍾乳石を手にすることは難しくなかった。しかし、珍しいものであった。石灰岩の石ころは、高梁川下流の川原で、簡単に手にすることができる。真っ白な石で、他の石ころとは異質である。これが生物の堆積からできあがったものであることを知って、地球の時間の経過の悠久を思い知ることになった。

蝋石（ろうせき）という白い石があって、これでコンクリートや石敷き面に絵や文字を書いて遊んだことも懐かしい。祖母や母が、庭の隅で黄色い硫黄を使って「干瓢」づくりをしていたのも不思議な光景であった。強烈な臭いと共に、思い出が蘇ってくる。

不思議の最大は、天から石が落ちて来た「隕石（いんせき）」の話であろう。大人になってからの磐座探訪でも、隕石落下地点が伝説を作っていることに、しばしば出くわした。流星や火球などの天体現象は科学が進歩した現在においても驚異であるが、古代人にとっては驚天動地な出来事であったことであろう。「石が飛来する」様々な伝説を生むことにも繋がっていったのである。

石と本～「石材」に関連して～

今、私の大切な生きがいとなっている、石の随筆執筆の最初の作品は、蒐集してきた数多い石に関係する本の中で、特に心に訴えてきた「本」について書いた第七章の「石と本（一）」（石の随筆第一集『石と在る』、『らぴす』一〇号）である。その後、第八章「石と本（二）」（第二集『石に学ぶ』、『らぴす』一一号）も出したが、その後も多くの石に関する本を収集してきた。

そして、第九章「石に学ぶ―『石の本』を探し求めて―」（第二集『石に学ぶ』、『あとらす』一二号）や、第二章「『石想記』構想」（石の随筆第一集『石と在る』、『らぴす』一八号）、第一〇章『磐座の本』（第二集『石に学ぶ』、『あとらす』二五号）などでも、石の本を数多く紹介してきた。さらに、今後、「石と本」の（三）、（四）……も続けていきたいと思っている。

石に関係した本は増え続けている。直近では上・下二冊の『岩石と文明　25の岩石に秘められた地球の歴史』（ドナルド・R・プロセル著・佐野弘好訳、築地書館）を手に入れたばかりである。また、楽しく読める『おもしろい石と人の物語～ヒトが鉱物に作用し、鉱物もまたヒトに作用する～』（大平悠麻、総合科学出版）も購入したばかりである。これらは、第五章の「石と人」の「はじめに」に続く、「総説としての五冊」で紹介した本たちにつながっている。

この範疇に入る本では、前記した第六章「日常生活の中の石」の「はじめに」で紹介した、『石と人間の歴史─地の恵みと文化─』（蟹澤聰史、中公新書）も忘れてはならない。

さて、本項で取り上げたい「石」に関した本であるが、名古屋市科学館主任学芸員・西本昌司氏著作の一般啓蒙書的な『地質のプロが教える　街の中で見つかるすごい石』（日本実業出版社）と、やや専門書的な『東京「街角」地質学』（イースト・プレス）の二冊である。

一冊目の「はじめに」の中の言葉に、以下のような部分がある。「ビルの外壁や地下街の内壁、石垣やモニュメントなど、街には石があふれている。そうした石が気になってしょうがないのだ」、「街の中の石材には、大地と人のストーリーが詰まっているということ。そのことにさえ気づけば、見過ごしてきた何でもない風景が、みるみる面白くなるし、日々の生活や旅の楽しみが何倍にも増す」

その本の、第一章は、「気になりませんか？　あの場所にある石」で、国産石材を集めた〝日本石材博物館〟ともいえる国会議事堂など東京都内にある一二カ所の建物やストリート、橋などが紹介されている。第二章は、「石垣に注目するお城めぐりに行こう！」で、江戸城はじめ国内一〇カ所について記している。そして、第三章は、「火山大国・日本の地域に根ざした石材をチェック」で、大谷石などの八カ所について説明している。第四章は「石灰岩に潜む化石を探そう！」、第五章は「大理石の模様はどのようにしてできたのか」、第六章は「大陸の歴史が記録されている御影石」と続き、最後の第七章は「さあ、歩こう！おすすめ石めぐりエリア」で、東京の丸の内と新宿、大阪の中之島と淀屋橋、京都、名古屋の解説が載っている。

『東京「街角」地質学』は、「街角地質学とは何か？　～石材を見て楽しむ基礎知識～」、「人間の営みを感じる石めぐり～石材でたどる日本近代史の歴史～」、「地球の営みを感じる石めぐり～石材でたどる大地の歴史～」の三章から成り、それぞれ多数の項で構成され、巻末には洋書を中心に数多くの参考文献まで付いている。

第二章の、各項に入る前の導入部分の一文を引用しておきたい。

「東京の街を彩る石材は時代とともに変わってきた。建物の外装用や土木用の石材は、明治期に火山性石材（安山岩や凝灰岩）から国産御影石（花崗岩）へと変わり、一九七〇年代ごろから海外産の御影石がメインとなった。一九九〇年代になるとアジア産御影石が増え、二一世紀になってからは産地も岩石種もバリエーションが広がった。

内装用石材は、洋館が建設されはじめた明治期からヨーロッパ産大理石が使われてきた。一九〇〇年ごろから国産大理石も普及したが、一九七〇年代から衰退し、一九九〇年代からアジア産大理石が普及した。そんな石材の移り変わりは、日本社会と経済の歴史を反映している。（以下略）」

石材に関しては、私は古本として手に入れた二冊の豪華本を所持している。いずれも、最初の定価は二万円もするものであったが、一冊は驚くことにブックオフで五〇〇円で購入できたのである。古本屋巡りは止められない。その本の名は、『原色　日本の石　産地と利用』（飯島亮・加藤栄一、大和屋出版）で、文字は少なく全国各都道府県別の石材カラー写真が中心になっている。函入りの美しい本である。

もう一冊は、これも函入りの八〇〇頁近い『石材・石工芸大事典』（鎌倉新書）である。巻頭に数十頁のカラー口絵写真がある。構成は、都道府県別の第一章「日本の石材産地」に始まり、第二章「輸入石材の現状」、第三章「日本の石材産業の展望」、第四章「日本の石材工芸」、第五章「庭園石と石組」、第六章「水石の産地」、第七章「硯石の産地」、第八章「石材工芸の用語解説」、第九章「種子（梵字）の基礎知識」となっている。それぞれについて詳細な解説がなされ、充実した内容が素晴らしい書物である。

私は、これまで大谷石、北木石、万成石、庵治石などの石切場の現場を見たことがある。どれも石の地球の内臓を見ているような、圧倒される驚きの感情に満たされた思い出が強く残っている。なお、小規模な石切場は、今は草や樹木などに覆われてしまっている場合が多く、身近にも至る所に存在している。様々な土木工事で、活用されてきたのである。

石と人との関係の始まり

この項の表題名は、第五章の「石と人」の中にあり、ここでもその内容を転載しておきたい。

「石は、人が無かったとしても存在していたが、人は、その存在の当初から石無くしては生き続けていくことは困難であったのではなかろうか。人は、石の恩恵を最大限受け続けて今日に至っている。今後も、石をあらゆる角度から、活用し続けていくことは間違いない。石を畏れ、石を知り、石に感謝しながら正しく関係を保っていかねばならない」。

次は、読売新聞の二〇一〇年八月三一日の『ニュースが気になる!』（科学部、浜中伸之）の冒頭部分である。

「アフリカ・エチオピアで、約三百四十万年前の地層から、人類史上最古とみられる石器の使用痕跡が見つかった。これまで最古とされた石器の使用時期を約九十万年さかのぼる発見だ。（中略）従来はエチオピアで見つかった約二百五十万年前の石器が人類最古とされた。（中略）近くで約三百三十万年前のアファール猿人の化石が見つかっており、この猿人が利用していた可能性が考えられる（以下略）」

しかし、石と人類の関わりの歴史は、これが最初ではないはずである。現在の考古学で、石器と明確に認められるようになった石の道具以前に、石ころ自体を何らかの目的のために投げたり、落としたり、叩いたり、並べたり、積んだりする行為は、人類の最初のころからあったのではなかろうか。六〇〇万年〜七〇〇万年前に人類が分かれたとされるチンパンジーが、石ころで木の実を割っている映像を見たことがある。鳥が捕まえた獲物を石に叩きつけたり、空中高くから石に落としたりしている映像も見た記憶がある。珍しいものでは、ある大きな鳥がかなり大きな石を飲み込んで食べ、消化の磨り潰しに役立てているような映像をテレビで見た。また、いろいろな小動物が、石を並べ替えて住みかにしている。人類も危険から身を守るため、小石を武器にしたり大きな石に隠れたり、洞窟に身を潜めていたに違いない。

石器時代は非常に長い。人類の歴史の九九％以上を占めている。礫器、握斧、尖頭器、刻器、ナイフ型石器、石錐、抉入石器、細石器、石鏃、石斧、石皿、石杵、砥石など、考古博物館でよく見られる道具がつくられ使われた。様々な道具が工夫され、より性能の高いものへと試行錯誤を重ねるうちに、石の種類と性状を熟知するようになったのであろう。黒曜石や珪岩、青色珪岩、頁岩、讃岐岩などが使用され、これらは限られた所から産出されるので物々交換を通じて広域的に流通するようになっていったとのことである。また、次に続く金属使用の時代の門戸を開いたのも、色々な岩石を探し求めているうちに、金属を含む岩石に気付くようになったのではないだろうか。

「曲がった足で、河岸に沿ってよちよちとぶかっこうに歩いていく。そして、急に、砂の上に腰をおろす。大きな石が目についたからである。その石を手に取ってながめているが、やがて別の石に打ちつけてみる。それから立ち上がると、見つけた石を持ってまた歩き出す。」（『人間の歴史～先史・古代編』イリン・村川隆訳、角川文庫）

石器についてであるが、その盛衰について著者の思いが詰まった本を以前、これも或る古書店で手に入れた。昨今、研究が進展しているこの分野としては、いささか時代遅れの内容になっているのかもわからない。本の名称は、『歴史発掘（全・二巻）』（講談社）という叢書の第一巻『石器の盛衰』（岡村道雄）である。二〇〇〇年に入る直前に出版されている。

「はじめに」の一部を紹介したい。「(前略)現代人はすでに石とは疎遠な生活を送っている。川原や海岸はコンクリートでおおわれ、路傍には石ころさえ転がっていない。考古学に興味を持つ人でさえ、石や石器にはなじみが薄い。(中略)ある地域で、ある技術や道具などが使われるには、それ相応の理由があるはずだ。経済的な事情も無視できないが、その地域の自然環境や歴史、人びとの生き方や思想にまで関わるに違いない。

石器の場合、鋭く切れ味が良い、身近で容易に手に入る。水に強く、熱の保有性が良い。神聖さが宿るなど、石のもつ独特のメリットがある。自然と調和的な生き方を模索しつつ、適切にその優れた性質を利用するという立場に立った場合、単なる経済性・利便性だけで、自然物、石などの利用を放棄してしまったこれまでの選択は正しかったのだろうか。(以下略)」

恐ろしい石

山地の多いわが国では、毎年のように、全国各地で多くの落石事故や大雨に伴う土石流の発生が繰り返されている。日頃、石はじっとして動かないものであるが、ひとたび動いたときはたいへんな災害をもたらす。また、火山国の日本では、火山の噴火も珍しいことではない。地の底から湧き出て来る石である噴石や溶岩流による災害も、深刻である。自然の恐ろしさ、石の恐ろしさを知らされるのである。そして、これを真似て、戦で城や崖から石を落として敵に打撃を与えたりしてきたのである。

一方、天から降って来る石である隕石は、さらに不思議な存在であり脅威である。神の仕業と思わせることもある。各地に伝説も生まれている。

ところで、投げられる石は、武器であり凶器である。人類は、獲物を仕留めるために活用したり、互いの戦いのためにも使用したのである。そして、投石は儀式になったり、遊びにも変化して行っている。二冊の本を紹介しておきたい。一冊日は、「ものと人間の文化史　44」の『つぶて』（中沢厚、法政大学出版局）。序章「つぶての飛跡」、第一章「古代投石器」、第二章「投石器」、第三章「中世の石戦と印地」、第四章「石投げ習俗考」、第五章「一揆・打ちこわしと礫」、第六章「終焉に向けて」、結び「文化としてのつぶて」で構成されている。二冊目は『弾談義』（八幡一郎編、六興出版）で、二〇人余の方が、石弾や投石具などについて寄稿している。

体の中の石

私には、動物の体の中の「骨」や「歯」、体を覆う亀の「甲羅」、貝や蝸牛などの「殻」は、一種の石ではないかと思えて仕方がない。従って、動物は石を作ることができるのである。

また、体中に酸素を運ぶ赤血球のヘモグロビン中の鉄をはじめとして、多数の微量の鉱物が体内で重要な役割を果たしているのである。さらに、耳の内耳の耳石器にある「耳石」は、体の平衡を保つうえで極めて大切なものである。これが剥がれて三半規管に入り込むと、「良性発作性頭位めまい症」を引き起こす。

体の中にできる有害な石は、「結石」であり結石症を引き起こす。様々な部位に発生する。列挙してみたい。「尿路結石（腎結石、尿管結石、膀胱結石）」、「胆石（胆嚢結石、胆管結石）」、「唾石」、「扁桃結石」、「静脈結石」、「膵石」、「胃石」、巨大になることもある「腸結石」、稀な「鼻石」などであり、それぞれ成因・成分などが異なっている。歯間にできる歯石はやや性格が違うが、有害な作用をする。このように物言わぬ石（鉱物）は、重要でもあり、有害ともなる。これは自然界でも同様である。両面を絶えず意識し、畏敬することが大切なことである。

まだまだ続く「石の話」

石の話には、終わりが見えない。人の生活の、あらゆる場面に深く入り込んでいる石の話は語り尽くせない。石の語源には、深い意味があり、「石」の語を含む数々の熟語や、禅語・格言・諺なども探って行けば興味が尽きない。蒐集している石の詩から学ぶことは貴重である。詩人の心からは、思いがけない石の意味を教えられることが多い。

さらに、「石談以外禁ず」とした逸話を持つ『雲根志』の著者の木内石亭や、石や鉱物のイメージを数々の童話に取り入れている「石っこ」と言われた宮沢賢治をはじめ、石を重要視し大切にした多くの石好きがいる。これまで、石の随筆で、幾人かの著者を紹介してきた。

宝石のことも重要である。ダイヤモンドをはじめとした数々の宝石・貴石には人を虜にする魅力があり、産業・経済・文化などに大きな役割を発揮している。これらに関連した本は、それこそ無数にある。ダイヤモンドが人工的に合成できることを知った時は、驚いた。

「薬石」という言葉があるように、鉱物からは薬品をはじめとして、いろいろな化学物質がとりだされている。また、硝石が爆薬の原料とされていることも知られている。

私は一時期、中学時代の恩師から墨彩画を学び、「石」をモチーフとした絵を描いたことがあり、四〇点近い作品が出来上がっている。これに使った絵具は岩絵具で、鉱物を砕いて作成されたものが多い。その一つひとつにも、深い歴史が眠っている。ラピスラズリの深い青の魅力は、洋の東西を問わず人々を魅了してきたのである。

今日、あらゆる工業製品に稀少な鉱物資源のレアメタルが欠かせなくなっている。この安定した供給体制づくりが、大きな国際的な課題にもなっている。石と鉱物の話は、まだ掘りつくせないほど残っている。科学の発達していなかった時代、恐ろしい地震を鎮めるために、「要石」信仰があったことが知られている。囲碁で使用される碁石、そして「温石」や「石焼き芋」などについても忘れてはならない。まだまだ限りなくあるはずだが、ひとまず終わりとしたい。

おわりに――「石の夢」、火山の国、そして西ノ島の噴火――

最後に、私の石の随筆第一集「石と在る」の、最終章として収載している『石の夢』（『らぴす』一九号）を振り返ってみたい。本書の第一一章としても収録している。執筆から二〇年近い年月が経過したが、石に対する想いはほとんど変化していないことに驚くとともに安堵もしている。

書き出しは、「私には、『石』が、宇宙と人間存在において、何か信じられないくらい大きな意味を持っているように思えてしかたがない」で始まっている。そして、「『石』が、いかに人の進化、人間社会の発展の中で、根源的な働きをしてきたかを思い起こし、今後とも未来永劫、人の社会の礎でありつづける『石』への、不思議の念、畏敬、敬意、感謝の気持ちなどを掘り起こして、常に意識の上に昇らせて、節度ある関係をもつようにすべきではないだろうか」と、進めている。

次いで、シュルレアリスムの旗手で詩人・小説家のアンドレ・ブルトンの『石の言語』と、石上堅の『新・石の伝説』の内容に触れた後、「生物が命を持ち、生きているのとは違った意味合いではあるが、ダイナミックに変貌し続ける宇宙は生きている、地球は生きているという感覚を大事にしたいと思っている者である。また、その延長線で、宇宙や地球の派生物であると言ってもよい、身近な石ころも、生きて、命あるものに見て行きたいと考えている」と続く。そして、「わたしは星が好きだ。道の上の石に似ているから」で始まる、チェコの詩人イジー・ヴォルケルの詩「巡礼のひとりごと」と、西條八十とボードレールの詩の中に「石の夢」の語句があることを指摘した後に、二人の『石の夢』作品に入っている。澁澤龍彦のエッセイ集『胡桃の中の世界』の冒頭の章にある「石の夢」と、栗田勇の『石の寺』の、これも冒頭の作品「石の夢」である。

それぞれ、少し長い紹介となっているので、ごく一部を抜粋するのに留める。澁澤は、ガストン・バシュラールやユングなどの作品を参照しながら、「無意味な形象が夢の世界の扉をひらく。鏡の中におけるように、石の表面にイメージが浮かびあがる」、「古来、人間が石に託してきた夢想のいかに大きく、いかに偏奇をきわめていたかということの一端が、これによって明らかになるだろう」、「大地に所属する石は、何よりもまず、源泉への回帰をあらわすシンボルなのではあるまいか。神や靈が石に具象化されるという例も、洋の東西を問わず、枚挙に遑がないほどだ」などと記している。

次いで栗田であるが、「京に、さまざまの石庭をつくった日本の先人たちは、夏の川遊びに、秋の紅葉狩りに、これらの石を眺め、眺めつくして、夢を託したのである」と書くことから始め、「石を愛し石を眺めるということは、一見、枯淡にみえるけれど、じつは、ぎゃくに、石にさえ、情を移して生きるという、はげしい情念のドラマを演じることにほかならない」と述べる。また、「石のひとつ、ひとつは、それぞれの性格を持つ神のすみかである。そして、さらに、それらの石全体が、神の世界をこの世につくっているのだ」と言い、「私たちは石や石庭を芸術作品として、自我の表現として受け取るのではない。私たちをよびこみ、うけいれ、はげしく生かしてくれる世界の存在の確証としてそれをうけとる。その意味で、石のなかには、私たちの人生のすべてに匹敵する夢が生きているといっていいのだ」と結ぶ。

そして、宇佐見英治の自選随筆集『石の夢』を紹介した後に、私自身の、いささか虚無的な気配も漂う「石の夢」を述べている。

「石（宇宙）は、人間の想像を超える夢のもとで、限り無い増殖を意図しているのではないだろうか。生物とは、格段に違う、ゆったりとした経過であるが、多様な形で増殖を続けている。行き着く果ては、どのような世界を描いてあるのだろうか。知るすべはない。

荒涼たる静的世界化、混沌たる無秩序世界化、整然とした複雑高度な世界か、それとも全てにおいて満たされる豊かな理想郷か。また、想像を超えた暗黒世界が待っているかもわからない。あるいは、一転、無の世界へと反転するかもわからない」

続いて、石と鉱物についての、成り立ちや種類についての科学に関して簡潔な記載が、青木正博や堀秀道の著書から引用された後に、『石の夢』に関して、私の締め括りの一文が載っている。少し長いが全文を再掲しておきたい。

「万物の根源である宇宙は、さまざまな石と星々を生じさせ続けることに加え、生物をうみ、ついに特異な人類を誕生させた。これは、私の妄想に近い考えであるが、人類の営みの全体が、石の増殖への協力加担ではないかと思えることがある。

石を加工したり、彫刻することはもとより、鉱石を製錬してさまざまな金属をとりだすこと、各種の合金を造り出すこと、さらには陶器づくり、レンガづくり、瓦やタイルづくり、ガラスづくり、コンクリートづくり、アスファルトづくりなどの疑似石製造といってもよいような営みは、生活を豊かにして来た人類の智慧の産物であるとはいいながら、何か大きな見えない意図の中で指図されていないとは言い切れないのではなかろうか。

無自覚に、これまでの進化の道筋の延長にあってよいものだろうか。宇宙の神秘な摂理にはさからえないかもしれないが、いささか急ぎ過ぎているような気がして不安である。あるいは、人類が宇宙の意図に反して、無秩序に暴走してないとも言い切れない。石のなかの原子力までもとりだしてしまった人類は、今、すこし立ち止まって、見えない石（宇宙）の大きなたくらみがひそむ「石の夢」の分析を行ってみる必要があるのではないだろうか。そのためには、ひとりひとりが、石との対話を深めていくことが避けられない」

前後したが、先の石と鉱物の科学のところで、堀秀道の編著から、次のような引用文を紹介していた。

「地殻のマグマが、熔岩となって流出して火山を生成し、岩石となる。岩石は、地殻運動によってせりあがってきて地表に出て、風化作用によって浸食され運ばれる。そして、川に出て流水の働きでやがては海にたどりつき、堆積していく。海底に堆積してできた岩石は、また造山運動によってマグマとぶつかって変成岩になり、さらに溶けてまたマグマとなり、地表の奥へと還ってゆく……。鉱物は、長い時間をかけて、地球の中を巡ってゆく岩石の中で誕生する」

プレジデントＭＯＯＫ『火山の国ニッポン』（プレジデント社）によると、日本の陸地面積は、約三七・八万平方キロメートルで、世界の〇・二五パーセントに過ぎない。しかし、活火山の数は約一一〇で、世界の約一五〇〇の約七パーセントである。

二〇一三年から噴火を続けている、東京の南、約一〇〇〇キロメートルに位置する西之島は、元の姿を一変させ二十数倍の大きさに拡大を続けている。噴出する熔岩が、大陸を形成する「安山岩」であることで注目を集めている。これからも注視していかねばならない。これも「石の夢」の一つとみなせるのであろうか。

第二章　「石想記」構想

人が拠って立っているこの地球は、言ってみれば「石」の集まりである。山があり、島があり、岬があり、磯があり、洞窟があり、巌があり、岩があり、石があり、鉱石があり、小石があり、砂があるというように表に出ている形はさまざまで、その数量たるや無限である。

実に、「石」ほどこの世に多いものはない。

このようなありふれた「石」に不思議を感じ、また「石」に感謝し、「石」を畏敬することのできる者は、現在では数少なくなってきたのではなかろうか。

しかし、時代を遡るほどに、誰にとってもそれらの感情は、切実でかつ大きなものであったに違いない。「岩石が人間を作った（オークリー）」いう金言があるほどである（『石の文化史』M・シャックリー、岩波書店）

ここで、私が大切にしている石の随筆集の一つ『石の鑑賞』（久門正雄、理想社）に収められている最初の作品「愛石志」の冒頭の章「雲根」の中にある、「石」の本態についての簡潔な、心に残る表現の箇所を紹介させていただきたい。

「石に蔵する秘密も大いなるかな。その生出天地と伴って永久不変、小は風塵と共にありながら、大は地殻として山嶽河海を載せて漏すことなく、万物を包蔵し一切生命の根元となる」

「何れにしても岩石は、釈名の『地は石を以て骨と為す』と言ふ通り、この大地の骨路であり地盤である。石の異名を地骨といひ山骨といひ、また山体といふのはその意である。石は乃ち天地の骨である。そして気がこれに寓るから雲根と云ったのは面白い（傍点は高木）」

　さて、昭和一八年生まれの私には、子供時代に石とのたくさんの思い出がある。目を閉じてみると思い浮かぶ。弟や友達と庭で興じている「石蹴り遊び」や、自宅近くを流れている岡山県の三大河川の一つである高梁川の川原で石ころを拾っての「水きり投げ」、寒い冬の毎日の登校の際、集合場所での焚き火でつくった懐炉代わりの「焼き石」をポケットの中に入れている小さな自分の姿などが。

　また、今では使われなくなって淋しく家の片隅にある、取り外された石の碾き臼や裏返しになった餅搗き石臼はじめ、漬け物石と言われた自然石が活躍していたころの様子が、亡くなった祖父母や父の面影とともに、生き生きと蘇ってくる。

さらに、町内に数カ所ある石の地蔵さんの前で、地蔵講の時、喜々としてお菓子の接待を受けている子供の自分が鮮明に思い出される。

当時、舗装された道路などほとんどなく、空き地もあちらこちらにいっぱいあった。そして、そこらには大小の石ころが無数にあった。

しかし、今、世の中はうつろい、地面の多くが疑似石などで覆い尽くされ、それらの「石」はいつのまにか、すっかり身辺から姿を消してしまった。庭石は別として、街からやや離れた所にでも行かないと自然な石には、会えなくなってしまった。

その影響などもあってか、平素はほとんど人々の意識に上がることのないこの「石」と「人」との長い物語を、いつのことになるかはわからないが、『石想記』という表題でエッセイ風にまとめることができたら、というのが私の数少ない夢の一つである。

時を遡るほどに、石と人との間には豊かな関わりが存在していたことは誰しもおぼろげながら知っている。しかし、ことさらにそのことを大切に想っている者の数はごく限られているといってもよいだろう。本作品は将来の『石想記』執筆の手がかりを得るための、いわば準備ともいえるものである。

人の知力の成果、あるいは人工のあだ花に満ち満ちた現代社会の中で、便利快適さに酔い、快楽をほしいままにしている人々も、今一度、人の存在の根源にある「石」に想いを寄せ、それと対峙することで「生」のより深い意味を考えてみることの意義は大きいのではないだろうか。

自然そのものの「石」から、人生や人間社会や宇宙などの本質を学ぶことができる奥の深さや、「石」の飾らぬありのままの美への感動をどのようにしたら、一人でも多くの人に伝えていくことができるだろうか。

このことに心をくだいた人やその作品などに出会えることは、私にとって大きな喜びである。石を愛し、想いをふくらまし続けている者の間ではよく知られている、永平寺の泰禅老師（九四歳）の作『石徳五訓』と、前出『石の鑑賞』（久門正雄、理想社）にある新潟県三条市の俳人加藤重助氏の「石の五徳三感」を最初に紹介した後、思いがけずも手にすることのできた、石からの学びに関連した珍しい二冊の古本についてすこし書き留めておきたい。

「石徳五訓」

一　奇形怪状無言にして能く言うものは石なり

二　沈着にして気精永く土中に埋れて大地の骨と成るものは石なり

三　雨に打たれ風にさらされ寒熱にたえて悠然動ぜざるは石なり
四　堅質にして大厦高楼（たいかこうろう）の基礎たる任務を果すものは石なり
五　黙々として山岳庭園などに趣きを添え人心を和らぐるは石なり

「石の五徳三感」

〔石の五徳〕

一　石を飾る所には魔の見入ることなくその座の祈祷となる
二　石は清浄の体なる故幸を引く
三　石を飾れば座敷の景色を保つ
四　石により眼を楽しましめ心を養ふ
五　破・損・減の三つのことなき故祝儀となる

〔石の三蔵〕

一　非勢なれども堅き勢を備えたること
二　堅きものにて人の心を和げること
三　自然に名山の姿備りたること

さて、最初の古本との僥倖のような出会いであるが、平成一四年六月八日岡山市民会館で開催の「生と死を考えるセミナー」に出席し、感動の余韻を抱きながら、近くにある岡山シンフォニービル一階、自由空間ガレリアで催されていた「第二〇回シンフォニー古本まつり」に立ち寄った時に、たまたま見つけることができたものである。

著者は明治二〇年埼玉県生まれの河野宗一といわれる方で、自費出版として、私の大学卒業の年である昭和四三年の一一月五日に発行されている。本の名は『石と人生』といい、発行所は自宅住所で「石の学校」となっており、贈呈非売品の文字がみられる。見返しに筆で贈呈として送り先の方の名前と自署がある。

河野氏は、埼玉師範次いで広島高等師範理科学部を卒業後、鹿児島県師範教諭を経て、大正五年に恩師らと共に朝鮮に渡り、各地の中学校や師範学校で理科教育に携わった後、いくつかの中学校長を務めた。昭和二〇年に日本に引き揚げてからは、艱難辛苦して開墾事業や種鶏事業を軌道にのせ、昭和三二年に角三工業株式会社を興し、今日に至ると略歴にある。

『石と人生』は、教師時代の理科教育の実践を踏まえる一方、当時ブームとなっていた、高価で売買される水石の風潮に、異議申し立てる気持ちもあって書かれた全五一章から構成されているが、それぞれが「石語」ともいえる、含蓄に富む「石による無言の人生訓」である。

各章の見出しを列挙したい。いくつかの章には非常にユニークな、微笑ましい写真が添えられている。

「人生行路」「石裸々」「温石」「路傍の石」「磨けば光る石砕ける石」「自由と束縛」「鉱物と岩石」「掘出された石」「山頂の石」「超然たる石」「石達磨（七転八起）」と「表裏一体」「盆石」「岩乗」「丼と杯」「好かれる石嫌われる石」「王座の石」「麓三十里」「岩石の崩潰循還」「石の衣」「碁石」「暗遷黙移」「石上三年」「遠山を眺む」「差別相と類似相」「遠望と近視」「砂上楼閣」「石と遺志」「石臼」「岩石の取扱」「庭石」「石枕」「本性の回持」「流石岩」「石割れ」「日本人と世界人」「石橋を叩く」「感謝に眠る」「待機の臥牛」「区別と境界」「王道と覇道」「長所と短所」「眠れる犬」「石の地蔵尊」「岩石と天理」「石盤と石筆」「石景色」「石火」「化石」「土壌」「結び」

二、三の章の内容を、抜粋してお示ししてみよう。まずは第一章「人生行路」は、「人生行路には、山坂あり渓谷あり、河泉あり、加うるに晴雨氷雪あり暴風地震あり、変転極まりなく困難が連続している。徳川家康は、人生は重い荷を背負って遠い路を行くが如し、と教示された」という文章で始まっている。

そして、中ほどで「二宮尊徳先生は、自然界の教文を読み取って之を体して進めと教えられた」と言い、「宇宙自然界こそ、真実教の本尊様である」と記す。

最後に、「人生行路の一端大要を、岩石の形状から窮知しようと試みたものです」として次の五型を提示されておられる。

其一　極めて稀に見る平凡で変化に乏しいすらすらとして変化の少ない人生
其二　前者と同様な経路を取るも補変化ある人生
其三　急激な変化を表し
其四　苦心惨憺漸く安定した境地に這い上がってやれやれと安心していると急転直下して窮地に陥る
其五　漸くにして登れば落ち、落ちては又登る連続して苦難を乗り越えて行く、世にいう多難な人生行路を表したもの

第四章は「路傍の石」で、「道端に転がって役に立たぬ邪魔になる石も、愛の手をさし

伸べて拾い上げ洗い磨いて、適材を適処に当て嵌める工夫をしてみると、（1）一基柱石、（2）下盤石、（3）燈石、（4）屋根石、（5）項石と組み立てられ立派な石燈籠ができる」から始まり、「人の世にも路傍の石の如く見徴されたり扱われたりする人もある」と言い、「折角生を此世に受けた人々だから、何とかして生き甲斐あらしめるよう世話してあげたい。少しでも御役に立ててあげたいと愛の手を広げて欲しいものだ。恰も路傍の石を燈籠に仕組み上げるように、適材を適所に振り向けて価値ある存在たらしめたい」と記す。

そして、最後に短詩を添えている。

あちこちと　路傍の石を拾い来て
　御役に立てんと　今日も暮れ行く

石燈籠造る　気持ちや　親心

世界の平和はここからと　一心こめて　組み立てた
　石燈籠を見る度に

大和心が　涌きあがる

もう一つの古本は『石に叱られて』という題名の本である。まだ、岡山市保健所に勤務していたころ、毎昼休みの古書店巡りのなかで、平成一二年九月五日、保健所からやや離れた所にあったため、極たまにしか行っていない「フロンティア」という古本店の百円コーナーで発見したものである。

これを見つけた時は、本当に心がときめいた。いつもそばに置いて繰り返し読みたくなる小さな素敵な本である。そして、これは新刊本を扱う普通の書店では手に入らない本であり、趣味となっている古本店巡りからの貴重な贈り物ともいえるものである。

著者は土井歓照という方で、大阪府泉南郡岬町にあるという宝樹寺（化石寺）の住職である。昭和五五年一一月一日発行で、発行所は宝樹寺鶴の子会となっており、非売品である。著者略歴には、西山専門学校を経て高野山大学に学び、昭和一六年に宝樹寺住職、昭和四九年に自坊の移転を完了、同年末に西山浄土宗教学部長拝命、任期終了後帰山とある。

『石に叱られて』は、「はじめに」と「おわりに」の間に、「石との出会い」、「石を語る」、「石を想う」、「石は語る」、「石に詠う」、「石さまざま」、「法話篇」の各章があり、その中に全部で八六篇の散文詩といった方が適切に思える短い散文と詩が収められている。
全てが、長年の深い、日々の石との対話の中から生まれて来たと思われる、珠玉のような作品ばかりである。その一つひとつに接する毎に、人としての生き方が清められ、一段と高められていくような気持ちとなる。いくつか紹介させていただこう。

「希い」

「仏け我に入り給い、我、仏けに入る」という言葉がある。
石と語る、石と遊ぶ、石に会う、石に聞く、
何れも石に対した我、石に向かっている私である。
何時の日にか、石、我に入り、我、石に入る日の来らんことを！

「静と動」

石の姿ほど静かなものはない。
心ほど動いてやまぬものはない。
静と動と合するところ対話が始まる。
石の静けさには、動く心を捉える力がある。

動く心に静けさを宿す人間になりたい。

「石に恥じる」

石に恥じる
石のように黙っていることが出来たら
石のように動かぬ心を持つことが出来たら
石のように耐えることが出来たら
石のようにじつと待つことが出来たら

目次の前に置かれている巻頭詩も引用しておきたい。

「石」

石に声があるからこそ
呼びかけてくる
石に心があるからこそ
その心が伝わる

石は生きているからこそ私を魅きつける

ところで、『石に叱られて』の「はじめに」は、わずか三頁であるが、私が構想しつつある「石想記」を極めてコンパクトにまとめた、いわばエッセンスといってもよい内容である。

「遠い遠い昔、人間が石を投げて獲物をとり、猛獣から身を守り、敵と闘っていた頃のこと」という書き出しで始まり、「石窟や鍾乳洞の中に住居していた人間は、生活用具の中に石を採り入れ、石器を創り、やがて鉱石をみつけてゆく」とすすめて「石を素材として生み出された人間の歴史は、石を科学的に征服した歴史でもある」とし、「然し現代ようやく、征服の歴史はやがて征服される運命にあると、気づき始めた人たちによって、石の世界への見直しが始まってきた」、「石に生かされて来たという深い宗教的反省は、宗教的思考を益々高め深めさせている」、「今まで石に教えられ、慰められ、励まされ、そこに拓かれて来た私の人生には、忘れ難いものが沢山ある」などの文が続く。

先にも述べたように、「石想記」の基本コンセプトは、人類発祥以来の石との関わりの全体に想いを巡らし、そのことで人間の精神に「石」の重しを置き安定化を図るとともに、謙虚さに加え、自然と宇宙を畏敬する心を取り戻すことである。多くの先人の業績を参照し、石が及ぼした人間精神の奥底を探りつつ、より多岐にわたる、石と人との関わりの全体を網羅した内容を目指していきたい。

私がこれまで収集してきた石に関する書物の中で、石と人間生活について、いささかなりとも全体的視点でまとめられているものは前出の久門氏、河野氏、土井氏の本以外としては、以下の通りである。

『石の文化史』（M・シャックリー、岩波書店）
『新・石の文明と科学』（中山勇、啓文社）
『石のはなし』（白水晴雄、技報堂出版）
『石ころの話』（R・V・ディートリック、地人書館）
『パワーストーン百科全書』（八川シズエ、中央アート出版社）
『愛石家の地質教室』（大森昌衛・小林巌雄、徳間書店）
『岡山の石』（宗田克巳、日本文教出版株式会社）
『石と人生』（渡邊萬次郎、誠文堂新光社（『別冊農耕と園芸 水石の心・石の味』）

『石の文化』（岸加四郎、高梁川流域連盟（『高梁川』第三八号特集「石」）
『日本人と石』（株式会社エス出版部）
『石の神秘力』（別冊歴史読本、新人物往来社）

これらに加え、分野は異なるが『石神信仰』（大護人郎、木耳社）、『石の民俗』（野本寛一、雄山閣）、『石と日本人』（野本寛一、樹石社）、『新・石の伝説』（石上堅、集英社文庫）などもぜひ参考にしていかねばならない。

さらには、木内石亭の『雲根志』を忘れることはできないし、錬金術、石器時代、岩絵、巨石文明、鉱物資源、宝石、現代石彫刻、石仏、水石、石垣、石臼、石橋などについてのモノグラフも活用していかねばならないだろう。

ここで、前記の石と人との関係の総説のうち、いくつか、その構成内容を示しておきたい。もっとも代表的成書といえば、M・シャックリーの『石の文化史』であろうが、これは「序章」、「地球の歴史」、「道具・武器・人為物」、「煉瓦とモルタル」、「石材の設立」、「化粧品・宝石・装身具」、「医術と技術」、「儀礼・宗教・呪術」の各章から成っている。「序章」の最後は以下のような文で結ばれている。

「地球を構成する岩石は、生物としての人類が発達してくる際に重要な役割を担っていたものであり、事実、初期人類の道具の材料として利用されて以来、岩石は人類にとって役に立つものだった。今日においても、人類はさまざまな意味で岩石に依存する部分が多く、〈化石〉燃料である石油資源や、古代文明の技術がいかんなく発揮された巨大な石材などをみるまでもなく、これは明らかなことである。この地球上に存在する岩石は、われわれの最も重要な資源であるばかりでなく、他のものによって代用することが全くできない貴重な資源なのである」

以下の章において、人類がこのような資源としての岩石を利用してきた方法が、いかに人類の文化史の流れの中に反映されているかをみていくことにしよう。

次いで、渡邊萬次郎氏（前秋田大学学長）の『石と人生』であるが、「石のいろいろ」、「石の利用」、「石の一生」、「石の産地」の各章から成っているが、このうち「石の利用」で、石と人の関わりの全体を通観している。「原始生活と石」、「古代生活と石」、「近代生活と石」、「石と土建」、「石と産業」、「家庭と石」、「宝石と飾り石」、「石と迷信」、「石と宗教」、「石と戦争」、「石と芸術」、「石と風景」、「石と洞窟」、「石と盆栽」、「水石の特徴」、「庭石の意味」の項目で組み立てられている。

さて、そろそろ、本章を終わりにしたいと考えているが、「人類の歴史の九九パーセント以上は、利器に石器を使う石器時代である。人類史に占める石器時代の重要性は再認識されるべきである。単に時間が長かったというだけではない。この間に今日の私たちの社会を作りだしているもっとも基本的なものがすべて準備されていたのである（『石器時代の世界』藤本強、教育社歴史新書）」という点は、必ず『石想記』の根幹に置いてまとめていきたいものである。

『文化としての石器づくり』（大沼克彦、学生社）の「はじめに」の中でも次のように書かれている。

「世界に文字や都市国家が出現して、人間社会のありさまが記録され、今日まで残っているのは、ほんのここ五千年ぐらいのことであり、四百万年ともいわれている人類史のわずか八百分の一にすぎないということである。私たちは、石器が、私たちの遠い祖先が霊長類から分離して以来、つねにつくられ、使われてきたもので、私たち自身の先祖が残した人類共通の遺産であることをつい忘れがちである」

さらに、火山から噴き出される大量の石、大雨のとき土石流となって流れ出す石、また空から流れ落ちて来る隕石など、どれひとつとってみても「石」は、今日の科学文明の時代においてさえ、脅威と不思議に満ち満ちていることの認識が重要であることを『石想記』で強調していきたい。

また、「石」は、他の動物が備えているような鋭い爪も牙もなく、速い足や、樹木の上を器用に行き来する術も持っていなかった、なんともあぶなっかしくも頼りない存在の私たちの祖先に、身を守る隠れ家であり住処となる洞窟や、武器を提供してくれた上に、数知れない生活用具の素材となっていったのである。感謝してし過ぎることはない。「石」の計り知れない未知なる力と恩恵への思念・情念が、人類の遺伝子というか本能にインプットされていないはずがない。人は、「石」への無意識な畏敬の気持ちから、世界の各地で、必然的に多くの大小さまざまな石の聖地を生み出さざるをえなかったと私は考えたい。

今日、皆が足を運ぶ寺院や神社、及び巨大石などの聖地は、そのうちの極一部であるに違いない。今では、忘れられてしまったり、埋もれてしまっている聖地も数多く存在するのではなかろうか。それらの掘り起こし、復活が大切である。

ところで、私が住んでいる総社の地には、多くの石の聖地がある。そのありがたさを、そこに住んでる皆が、これからもっともっと感じていくことができるように色々な努力をしていきたい。

さて、最近読んで、わが意を得たりと思った『聖地の想像力―なぜ人は聖地をめざすのか―』（植島啓司、集英社新書）という示唆に富んだ本がある。そこから、いくつかの箇所を引用して、本章を終えることとする。

「聖地というのはほとんどが地質学的な境界線上におかれているという事実がそれだ。そのメルクマールとして、それは必ず石によって表示されている」

「『なぜ聖地は一センチたりとも場所を移動しないのか』というと、『そこに石（石組み）があったからだ』ということになる」

「聖地は最初から聖地なのである」

「多くの石によって印しづけられた区域は、古代よりいかなる有為転変を繰り返してきたのか。また、『神地』の正方形はいったい何を語るのか。いまでは想像するしかないのだが、おそらく磐座から『神地』を経て社殿へと移り変わるなかにおいても、そこで行われてきたこと自体はほとんど変化がなかったのではなかろうか」

「聖地とは夢を見させる場所である」

「あらゆる聖地での治療は、特定の場所で眠らせて（籠り）、夢を見させ、そのお告げによって病気を治す方途を探るものである」

「かつての日本において、神籬（ひもろぎ）や磐境（いわさか）が神社の起源であることはよく知られたことであるが、それらは天体ともよく結びついていたのだった。われわれは目印なしには時間も空間も計測することができなかったのである。そして、そこは必ず夢を見るところなのであった」

第三章　自分の石

いつのころからか、自宅の書斎と職場の机の上に、近くの川原で拾ってきた、なんの変哲もない、手のひら大の数個の石ころを置いている。石質は、砂岩・安山岩・泥岩・凝灰岩・チャートなどの平凡この上ない石ばかりである。

時に肩たたきや、文鎮がわりに使うことはあるが、特別の用途を考えている訳ではない。

ただ、好きな石を身近に置いておきたいだけなのだが、あえて理由を探せば、人工物ばかりで囲まれた味気ない環境の中に、幾分かでも自然の雰囲気を取り入れようとしていることだろうか。

地球のほとんどの歴史を生きてきたともいえる石ころこそ、悠久の自然そのものの姿を示している代表といってもいいのではないだろうか。仕事や勉強の合間に、何気なく手にとって、見つめたり、時には耳に当てたり嗅いだり、打ち合わせたりもしてみながら、その個性的な重さと感触や音などを楽しんでいるが、その間、何を想うわけでもなく、ただぼんやりとしている。

しいていえば無限のかなたに心を解きはなって、しばらくの間、瞑想に耽っているとでもいえようか。

知らず知らず、小杉放庵の歌

「石二つ三つ　机の前に置き並べ
見くらべおれば　夜は更けゆく」

の世界を体験しているかのようである。

そして、これは、坂村真民さんの詩「石を拾う―重信川にて―」に繋がっているのである。

「拾いて何すとなけれど
石はよきかな
黙しおれど　こころなぐさみ
手握れば　こころはおどる
ああ　これらの石の
たどりきたりし　長き世を思えば

わが短き世も　かなしくはあらず
（後略）」

このように、石に対面し、石の「声なき声」や「心」、「歩んできた道のり」に想いをめぐらすために、意識を集中させることは、多くの人にとっては理解しがたい馬鹿げた行動に映るらしい。本当に意味のない無益な時の過ごし方なのだろうか。

ここに一つの絵本がある。原著は一九七四年にアメリカで出版されたものであるが、日本語訳は一九九四年、北山耕平訳で河出書房新社から出された。バード・ベイラー著、ピーター・パーナル画で『すべてのひとに石がひつよう』という題名である。

ほかのどんなものを持っていても、友だちの「石」を持っていない子供はかわいそう、ということから始まって、特別な石を見つける一〇のルールを教えるお話である。絵は、一度見たら忘れられなくなる極めて独創的なものである。省略された簡潔な線で、色彩は黒と土色の二色をごくごく限られた部分のみに効果的に使用しているだけである。独特のアングルとクローズアップ手法で、一人の少女と石が一体となった関係が印象的に描かれている。

ルール一　山に行くのがよいが、家の裏の道でも砂だらけの道でもよい。
ルール二　静かにして探すのがよいが、音がしても気にしないのがよい。心配しながらがもっとも悪い。
ルール三　頭を地球に触れるようにし、石を穴のあくほど見つめる。
ルール四　あまり大きな石は選ばない。
ルール五　あまりにも小さな石は選ばない。
ルール六　かんぺきな大きさの石を選ぶ。
ルール七　かんぺきな色をさがす。
ルール八　石の形はあなたにまかせる。
ルール九　いつでも石のにおいをかぐ。(子供にはわかるにおいでも大人にはもうそれがわからない)
ルール一〇　だれにも相談しない。

自分の「石」を持っている訳者の北山氏は、あとがきで「独りぼっちでも淋しくないこと」と、「変化の時代には、なにが起こるかわかりません。どうか自分の石をみつけてください」、「自分の石を手にいれたとき、あなたは地球とひとつになるのです」と述べている。なんと含蓄に富んだ言葉ではないだろうか。

人は、存在の意味を問い続ける。無限の時間と空間の中に、放り出された人は不安におののきながら、試行錯誤の旅をつづけている。

いかに愛され恵まれた環境の中に育っても、自己確立の道程に、苦しみの種が尽きることはない。成長、発達とともに課題も変化してくるとはいえ、いずれ死を迎えなければならない一生を、正しく整え方向づけて、生きて良かったと思える人生にしていくことは至難のことである。

私は、「生きもの地球紀行」に代表される自然を扱ったテレビ番組が好きで、これだけは欠かさず見るようにしているが、想像を超える、じつに多様な生き物の存在に驚かされる。そこで見るのが、厳しい生存競争のなかにあっての、本能に従ったと思われる、見事に完結し充実した一生の姿である。特に、それぞれの命の連続を保っていく、生殖と子育てに感動する。

しかし、「本能の壊れた存在（岸田秀氏の著作群から学ぶ）」である人間には、一定のパターンを求めることはできない。ひとりひとり、何でもありの多様な可能性を持っており、無残な人生で終わってしまう人も後を絶たない。

一方で、これが、変化し続ける地球環境のなかで人類が、生き延びていく厳しい選択であったかもしれない。

ただ、完全自由化の中での絶対孤独下で、苦しい試練の続く生涯となっていることは間違いないことである。ここで、永遠なる確かな存在への同化というか、それからの学びと洞察によって、自己救済が図られる必要が生まれてくる。

宗教や芸術はじめ色々なものが考えられるが、独断を恐れず言わせてもらえば、「石」こそが、究極のものであるような予感がする。

古代から続いている宗教的な様々な石の遺跡群の存在とも通じており、心を豊かにし安定をはかるために、みんなが「自分の石」を持つことが、今後大切になってくるのではないかと思われる。


ここに、いま一つ、人と石との幸せな関係の物語を紹介してみたい。武者小路実篤の代表作「真理先生」である。作者のそれぞれ分身と思われる、山谷五兵衛、真理先生、書家の泰山、画家の白雲子、「石かきさん」こと馬鹿一らとモデルの女性らの間に繰り広げられる芸術論についての会話、男女関係・師弟関係などの人間関係を、すべて肯定的に、善意にもとづくものとして、表現しまとめあげたものである。
若いときには、悲劇や救いのない暗さや、少しの毒もない単調で刺激のない小説として、とても読み通すことができなかつた。しかし、今の私にはなくてはならない書物となっている。このなかで、石について、馬鹿一に以下のように言わせている。

「この世で一番しあわせなものは石じゃないかと思うのだよ。
彼などはあるがままで満足しているのだから、食う心配もないしね」

「石　石　一つの石何のための存在　あるかないかの石
人に蹴られても怒らない石
私にかかれてもいやがらない石
淋しい石
私はお前が好きだ
お前も私が好きなのだね」

「石も人間も、つまりはおなじだね。
（中略）……僕は今、石も人間だということを感じている。
しかし石は石だと感じたいと思っている」

幸せの中にも、孤独が住み続けていることを感じとっている人の、擬人化された石へ抱く、達観の中に切なさのこもった思慕の情がよく伝わってくる。

最後に、地球の歴史と自然を背負った石、擬人化されて人と対比させられる石の鑑賞が、日本人特有の芸術にまで高まった、「作庭」と「水石」の世界と「自分の石」について、触れてみたい。

優に、一〇〇年以上は経過していたと思われる旧宅の老朽化が激しく、少々の補修では追いつかなくなった。この家とともに成長してきた皆の思い出を壊してしまうようで、少し心が痛んだが、止むを得ず主として妻の発案と実行力で、数年前、取り壊して新築をした。

そして、その機会に、祖父や父が大切にしていた庭も、いささか平板過ぎたので、これも妻の強い希望で、一部を残して、造り替えた。贅沢とも思えるが、マイカーを持たないわが家では、許されるお金の使い方だわねと、私に同意を求めてきた。（作庭は、旧宅の解体にもあたられた総社市上林の「共楽園（代表、片岡寿心毅春氏）」に、妻が依頼した。そして、片岡氏が作庭に当たられた、いくつかの庭を、車に乗せてもらって、妻と一緒に案内していただいたことが懐かしく思いだされる）

出来上がった庭は、期待以上のもので、現在、朝な夕な、庭内の散策や、草とりなどの手入れに無心となって、時間の経つのも忘れてしまう。静寂の中に浸れる、一日の中の貴重なひとときである。

枯山水様式を基調とし、敷石・飛石や枯池周囲の石を別にして、大小一九個の石が、五尊ないし三尊石組形式、あるいは単独にそれぞれの距離を保って配置されて、それぞれ山がイメージされていると思うと、大きな自然の縮景を感じる。立つ位置によってじつに、様々な景観をあらわす。これからの、長いこれらの石とのつきあいが楽しみである。

ところで、『枯山水の庭』（福田和彦、鹿島出版会）で、枯山水は様式別に「縮景」、「神仙境」、「禅定三昧」の心象風景に大別されているが、三つの要素が全て、幾分かずつ備わっているように思えてならない。

そして、立原正秋が『日本の庭』（新潮文庫）の中で、「作庭はすさびごとであった」

と言い、「世界でも例がない日本人の独創である枯山水は、抽象化された自然の模写であり、特定の思想を排除して、美意識に昇華させた表象（私による要約、再構成あり）」であるという主張を大切にしたい。

「〝造化にしたがい造化にかえれ〟は、日本人の自然観であり芸術観であろう。〝自然にしたがい自然に還れ〟とは、実に単純な言葉のようであるがそうではない。この短い言葉の中に、広義には東洋人全体、狭義には日本人の死生観に通じる問題が含まれている」という意見は、石に魅かれるようになった私の人生観・世界観に訴えてくるものがある。

さて、昭和四〇年前後に一大ブームとなり、まもなく萎んでしまった、水石趣味の世界であるが、現在も熱心な愛石家によって、探石・養石、展示活動が地道に全国各地で行われている。

私は、この趣味にそれほど執着してはいないが、展示会には機会があれば出かけて行って、時に即売会場で手頃な石を買い求めることもある。

庭石と違って、「水石は、手頃の大きさの自然石を対象として、その形や、風情から、山水の詩趣を楽しんだり、あるいは天然のかもしだす美しさを芸術的感興の世界に高めて楽しむもので、山水景石・形象石・紋様石・色彩石などがある。（『水石―山水の詩情

――』村田圭司編、樹石社)」といえる。

水石展では、宇宙のあらゆる形が、美しい姿となって、一つの石に表れてくる、自然の造化の妙の不思議に感動することが多い。石の魅力に気付く入り口として、多くの人に見学を勧めたい。

第四章　川原の石

川原には、多くの人を惹きつける、心のふる里としての、形容しがたい魅力がある。

これは、自然への素朴な本能的欲求と、幼い時からの、さまざまな生活体験上の、悲喜こもごもの思い出の集積による、人それぞれの、川原に対する熱い想いが混ざり合って形づくられているに違いない。

そして、人は、時々、思い出したように、手近な川原に足を向けていく。

街が人工的に、すこぶる乱雑に都市化を進めている中で、一日のほとんどを社会的人間として忙しく働き続け、また終日、自然から遮断された生活で息苦しくなり、生き物としての自分自身を、本能的に取り戻したくなることや、ありし日、川原で経験した、牧歌的ともいえる夢をみることのできた時代に想いを馳せて、明日からの生きる力を回復しようとしているのではないだろうか。

ところで、私にとっての「川原」とは、岡山県内を流れる三大河川の一つで、もっとも西側に位置する高梁川に架かる総社大橋の下、南北約数百メートルに広がる空間である。

ここは高梁川が、中国山地の山奥に源を発してから、延々と吉備高原の間を流れ下ってきて、初めて総社平野に注ぎ出してきたところ（湛井堰）から、少しだけ下流の広大な河川敷にある。

ここで、『岡山県地学のガイド―地学のガイドシリーズ11―』（コロナ社）によって、高梁川の全体像について少しばかり知っておきたい。

高梁川は、旭川が壮年の働き盛りで、吉井川が働き盛りを過ぎた中年であるに反して、元気なティーンエージャーであるといわれ、三つのなかで、最も短く、延長約一一〇キロメートル（ちなみに旭川一四七キロメートル、吉井川一三六キロメートル）であるが、支流の数は四四（旭川三四、吉井川四三）と最も多くなっている。

そして、ひいき目でなく、川沿いの景観の変化に富んだ面白さは、一番ではないだろうか。また、ほぼ伯備線に沿って流れているので、かなりの景色は汽車の中からでも見学できるのが利点といえる。

〔なお、日本文教出版株式会社の「岡山文庫」59の『高梁川』では、川の延長と四次までの支流数は、高梁川一一七キロメートル・八四本、旭川一五〇キロメートル・一三二本、吉井川一三七キロメートル・一九〇八本で、人間の年齢にたとえた活動力はそれぞれ三〇歳台、四〇歳台、五〇歳台となっている。そして、高梁川は流域面積は最も広く、

縦断面のうわぞり角度も最も大きいと記されている〕

この、私にとっての「川原」の風景が、いまや、子供時代とは一変してしまっている。これは、全国どこの河川敷でもみられる現象ではないかと思われるが、覆土されて整地がすすみ、十分すぎるほどの面積をとった、殺風景で広々した、グラウンドができ上がり、川原の部分が随分と小さくなってしまった。

休日などには、たくさんの子供たちがサッカーや野球の試合などをして、にぎやかにしている姿をよくみることができる。

このこと自体は歓迎すべきことであるが、なつかしい風景に二度と会えないかと思うと一抹の淋しさを覚える。また、遊び仲間でもあったバッタやキリギリスをはじめとした、多種多様の昆虫や、ヒバリ、ツバメなどの野鳥などの棲息環境をせばめてしまったことにもなる。いろんな種類の、美しく清楚な野草も、生き延びることが困難になったとみえて、めっきり少なくなった。ほどほどの開発で止めていただければと願うばかりである。

さて、ここで「川原」の意味するところについて考えてみたいが、「川の両岸の、いつもは水の流れていない砂や石の多い平地（『日本語大辞典』講談社）という解釈がとりあえず一般的とみなしておきたい。

ただ、全国各地に散在しているいわゆる「賽（さい）の河原」といわれているところは、実在の川が流れていないところも多い。死者供養の聖域となっている「賽の河原」は、

「……彼のみどりごの所作として

　河原の石をとり集め

　ここにて回向の塔を組む

　一重くんでは父のため

　二重くんでは母のため

　三重くんではふる里の……」

というあの哀切きわまりない「西院の河原（地蔵）和讃」とともにひろまっていったといわれる。

『石の民俗』（野本寛一、雄山閣刊）によると、

一　火山系で地獄を連想させるような場所

二　死者が赴くと信じられる山

三　灯籠流しなどが行われる実際の河原
四　境意識が高揚され、他界との境を連想させられるような峠あるいは峠道
五　特定寺院の境内

などに場所が分類できるという。

本当の川は流れていなくとも、死者の住む他界とこの世（此界）の境界にあって、穢れをはらうとされる仮想の精進川、もしくはあの世の三途川が根っこに想定されているのではないだろうか。

なお、『石の宗教』（五来重、角川書店）で、柳田国男の『地名の研究』の中にあげられている、石のごろごろとした石原に対して各地に「こうら、こうろ」あるいは「ごうち、ごうる」の地名があることを紹介し、こじつけではあるがとしたうえで、必ずしも、川と関係なくとも「賽の河原」という呼称が生まれてきたことを暗示しているのも興味深い。

ともかく、ここで欠かせないのは「積石」のためのたくさんの石ころがあることである。五来重氏は、『石の宗教』の中で、「積石」は「仏教的な意味は、〝石を積みて塔とす

る〟ということにあるけれども、日本人の原始信仰なり、庶民信仰ではすこしちがうのである」とし、「〝あの世〟と〝この世〟の境界に積石をして、穢れが〝あの世（神域）〟へ入らないようにする」ことであるといい、「賽の河原」の「賽」は、「塞」と考え、穢れや悪霊をさえぎっているのであると述べている。

私たちが、神社仏閣はいうに及ばず、山や川、森や海や洞窟などの自然に接したときなど、そこに石ころがあれば、おのずから積んでみたくなる日本人としての心を大切にしたいものである。

再び、「私の川原」にもどって、「石」との関わりについて述べていきたい。その前に、わが家の位置であるが、私が子供のころは、常盤橋と呼ばれていた橋が、老朽化と交通量の増大のため、近年取り壊されて新設され、名称も新しくなった総社大橋の東詰めから、総社駅に向けて約数百メートル下ったところである。

幼児期、川原の方面は未知なる奥地であったが、小学・中学生時代は自然の楽園となった。

そして、受験勉強の重圧に敗れそうになった高校生活においては、孤独を癒してくれる場所であり、異郷で過ごした大学生としての六年間は、ふる里を象徴するところとなった。

卒業後、地元に帰って、社会人となり、結婚して子供をもうけてからは、親子のよきふれあいの場と変わった。

現在は、すべての子供が自立してしまい、自分自身の人生観、世界観、宇宙観の立脚点としての、豊穣な場所に育てあげたいとの想いが年と共に強まってきている。

子供時代、河川敷はほとんど石ころだらけの川原といってもよいような状態だった。当時、夏の水泳といえば、まだプールなど無い時なので、高梁川によく泳ぎにいったが、一息いれるため川からでて、川原に上がったときの、太陽に熱せられて、焼けたようになった石ころの、素足に感じた灼熱感が、強烈に体いっぱいに刻まれている。

熱くて熱くて足の裏をできるだけ縮め膝を曲げて、しかも早足で動き回らないと、とても一所にはとどまれなかった。一日散に草むらに駆けこんで、座り込み疲れを癒しては、繰り返し水の中に入って泳ぎ、疲労困憊してから、川原の石を踏み踏み家路に帰っていく姿が目に浮かんでくる。

今から考えると、急流も深みもある高梁川で、本当に子供らだけでよくも、泳ぎに行っていたものだ。また、友達との、「水きり」という石投げ競争を盛んに行った。平べったい手ごろな石ころをさがして、水面との微妙な角度で投げ、石が沈まず何度飛び跳ねていくか、技を競いあった思い出も遠い昔のことになった。
物の豊かさとは全く縁の無かった時代、身近な川原という自然が子供に楽園を提供してくれていた。

一方、そのころ、すべてを失って、朝鮮から引き揚げてきた祖父母や父母たちの苦労は、子供心にも、なにとはなく伝わってきていた。

家だけは、曾祖父がひとり、先祖伝来のこの土地で守ってくれていたおかげで困らなかったが、八人の大家族で、内三人の子供を育て上げることはたいへんなことだったにちがいない。

皆が、寡黙に、朝から夜遅くまで、それぞれの役割を懸命に果たして働いているのがよくわかった。食べ物だけは、自給自足に近い形にできるよう、親類から田畑を借りたり、その上、川原を開墾し畑にしていた。

砂と石ころだらけの土地を耕して、野菜作りをしていくことは、慣れていない仕事でもあり厳しい労働であったに違いない。私たち子供は、無邪気に芋などの野菜の収穫や石ころを掘り出すのを手伝ったり、作業の合間には、川原の石と雑草の中の雲雀の巣さがしや、いろいろな昆虫やかれんな野草を見つけることに夢中になった。夢幻のかなたの追憶である。

さて、現在の川原はすでに述べたように、昔に比べると、まことに小さくなってしまったが、それでもまだ少しは残っている。そして、この場に「宇宙」を見ることができるようになったことについて、最後に書いてみたい。

季節の節目節目に、川原に出かけていくと、その石ころ群の間にどっかりと尻餅をついて、石たちとの距離を小さくし、ゆっくりと時間をかけて、周囲の石たちに目を疑らしていると、形・大きさ・色・模様・重さ・肌触りなどから一つとして同じものはない石たちが、この狭い場所に無限に存在する重みが迫ってくる。

見えている表面だけでなく、どこまで続くかわからない暗い地下にじっとしている石ころにも想いを廻らすと宇宙的無限を感じる。まして、いまある姿になるためには、気の遠くなるような時が経過しているわけである。石一つを、一つの星になぞらえてみれば、まさしくこの川原は広がりつつある岩石群という宇宙の一部である。

『石ころから覗く地球誌』（小出良幸、NTT出版）という本があるが、そこでは、長い時間をかけて上流から運ばれてきた丸い石ころの履歴書を明らかにし、故郷を探していく道筋をわかりやすく解説している。さらに、大地をつくる元素や地球の構造、太陽系の始まり、星の始まりなどの話に及んでいて、石ころから壮大な宇宙的気分を味わわせてくれる。

もう一つ、『かわらの小石の図鑑―日本列島の生い立ちを考える―』（千葉とき子・斎藤靖二、東海大学出版）という図版の非常に美しい本があるが、三本の川（荒川・多摩川・相模川）の代表的な小石を写真で紹介し、その性状について解説を加えている。分析的な石の科学の深みに入っていこうという気持ちは毛頭ないが、石と親しくなるためには、名前程度は知っておきたい。しかしこれが、石においては意外に難しい。川原の石は、一見するだけでは、個性もなく皆似たようなところがある。

ところが、この本は、取り上げている石の種類の適度さと写真の鮮明さ、説明文のわかりやすさで、何となく同じ日本の川の仲間である高梁川の石ころの多くについても、その生い立ちを示す名称が分かってきたような気持ちにさせ、石ころ星雲への親近感を増してくれる。

『岡山県地学のガイド』の「まえがき」の冒頭に「岡山県には、古生代から新生代までのいろいろな時代の地層や各種の火成岩体、あるいは変成岩類がきわめて豊富に分布しており、昔から地学のメッカといわれ、多くの学者や研究者が訪れています。……」と書かれている。中でも、高梁川上流には鍾乳洞と渓谷美の石灰岩台地や、世界的に有名な成羽の化石産出地帯はじめ面白い多様な地質がみられる。

そこの母岩などから別れて長い時を経て、流れ流れて下流の川原に集まっている小石たちから、流域全体はいうに及ばず、地球の成り立ちや宇宙の本質についてまで想いに耽ることができるのは、なんと幸せなことではないだろうか。

さらに、特定の空の星が、自分に向けてメッセージを投げかけてくれているように思えるときがあるように、川原の石ころも、よくみつめていると、そのなかの一つが、私にとって特別な存在となる出会いに遭遇することがある。

地球は、大宇宙の無数の星の一つで、極めて単純化していえば、巨大な母岩を核にして、それから派生してきた岩石群や、宇宙からの隕石の集合体であり、そのうえに、そこから発生した水や大気、生物が付属しているといえる。

そして一人一人の人は、地球の上の極微な存在だが、逆に大宇宙の中では、地球も微塵にすぎないとみなせる想像力があり、また、一個の川原の石ころから宇宙の生成をも夢想することができる力を持っている。

私は、遠くない将来やってくる老後の安心立命に向けて、これからも私の川原で石を積みながら、そこを豊穣な地球大的・宇宙大的空間のイメージへと膨らませていきたいと思っている。

いずれ、果てしない生物の生と死はもちろん、星々の誕生と死をも、一切を飲み込んでしまう限りない宇宙と、私自身が一体であることを確かに信じることができるようになれるかもしれない。

第五章　石と人

はじめに

　これから石との人の切っても切れない話を始めたいが、どこから始めるのが最も適当なのか、悩ましい。ともかく、入り口はどこからであろうとも目指すところは、謎である自己の存在とその人生、宇宙と自然と生命などについて考えを深めていく一環として、石と人との関係の全体を見通す作業である。

　人は、平生、空気と同様に石にはあまり関心を示さない。しかし、月の石、「いとかわ」の石、火星の石、隕石など宇宙との関わりのある石や、遺跡から発掘された様々な石関連の考古物には、多くの注目が集まる。人類が、その発祥以来、石と深い因縁があるがために無意識の内に遺伝子がなせるところのものであろうか。

『Ｎｅｗｔｏｎ・ニュートン』（二〇一〇年一〇月）の表紙の文字は「最先端宇宙論注目の〝創成シナリオ〟、無からはじまった宇宙誕生の一秒間」である。私の頭は、これを完全に理解することは到底できないが、仏教哲学の真髄「般若心経」の核心である「色即是空、空即是色」と関連して考えれば、おぼろげながらも納得できないことはない。元来、無であった宇宙に、「色」としての〝石〟とその素材が満ち溢れている。地球も一つの巨大な石である。しかし、これらの色も、また無に帰っていく可能性を秘めているというのである。石に惹かれて、その知識を増しイメージをふくらますために関連のあらゆる分野の書籍を、古本屋を中心にして、ぼつぼつと集めだして、かなりの年月も経過したので、一度、全体的な視点から大まかな整理をしておきたい。

総説としての五冊

石と人との関わりについての全体を展望する意図があって書かれたと思われる本として、私の蒐集本の中で目につくものとして、以下の五冊が挙げられる。

①『石の文化史、シャックリー』（鈴木公雄訳、岩波書店）
②『新・石の文明と科学』（中山勇、啓文社）
③『石のはなし』（白水晴雄、技報堂出版）
④『石と人生』（渡邊高次郎、「石の心・石の味」別冊『農耕と園芸』（誠文堂新光社）

⑤『ミステリーストーン』（徳井いつこ、筑摩書房）

①の内容は、序章に続き、第一章地球の歴史、第二章道具・武器・人為物、第三章煉瓦とモルタル、第四章石材の成立、第五章化粧品・宝石・装身具、第六章医術と技術、第七章儀礼・宗教・呪術である。

②は、Ⅰ石にくわしい太古の人たち、Ⅱ多様だった古代世界、Ⅲ日本列島の古代人と石、Ⅳ紀元前の文書と石、Ⅴ民話と石、Ⅵ古代人の遺跡、Ⅶ鉱物資源と地球の歴史、Ⅷ金属物語、Ⅸ金や青銅の発見者たち、Ⅹ鉱山の光と影、Ⅺ石についての科学、Ⅻプレニウスとアグリコラである。

③は、一話　石と人間、二話　神話伝承の中の石、三話　石の種類、四話　石の生いたち、五話　石の見方、六話　石材と庭石、七話　石材の代表御影石、八話　日本列島に多い火山岩、九話　装飾と造形に適した大理石、一〇話　庭石として最高の青石、一一話　模様が美しい蛇紋岩、一二話　世界の庭園と日本の庭園、一三話　日本庭園の石、一四話　石の景観、一五話　火山の形態と景観、一六話　マグマの粘性、一七話　温泉

の石、一八話　川床や砂浜の石、一九話　宝の石、二〇話　室内に飾る石、二一話　石の道具、二二話　科学時代の人工石、二三話　生物がつくる石、二四話　石に化けた生物、二五話　海底の石、二六話　宇宙の石、二七話　生きている地球である。

④は「石のいろいろ」、「石の利用」、「石の一生」、「石の産地」から構成され、「石の利用」は、一、「原始生活と石」、二、「古代生活と石」、三、「近代生活と石」、四、「石と土建」、五、「石と産業」、六、「家庭と石」、七、「宝石と飾り石」、八、「石と迷信」、九、「石と宗教」、一〇、「石と戦争」、一一、「石と芸術」、一二、「石と風景」、一三、「石と洞窟」、一四、「石と盆栽」、一五、「水石の特徴」、一六、「庭石の意味」で成り立っている。

⑤は、非常にユニークな構成で、一章「私の部屋から」には「石の履歴」、二章「石ぐるい」は「石におちる」「石に踊る」「石に語らせる」「石をうたう」「石を読む」「石に惑う」、三章は「うごめく石」「異界へのドア」、「気まぐれな魔女」、「石の薬局」、「石の饗宴」、そして最終章の四章「博物館にて」には「石に暮らす」「バナナになった石」などの興味をそそる表題がつけられている。

以上のように、人は、その生活文化を発展させていく過程の中で、石を無くてはならないものとして扱ってきたのである。以下、取り上げた五冊を上台として、石と人との関係の全体について考えてみたい。

石と人との関係の始まり

石は、人が無かったとしても存在していたが、人は、その存在の当初から石無くしては生き続けていくことは困難であったのではなかろうか。人は、石の恩恵を最大限受け続けて今日に至っている。今後も、石をあらゆる角度から、活用し続けていくことは間違いない。石を畏れ、石を知り、石に感謝しながら正しく関係を保っていかねばならない。

次は、読売新聞の二〇一〇年八月三一日の「ニュースが気になる―（科学部、浜中伸之）」の冒頭部分である。「アフリカ・エチオピアで、約三四〇万年前の地層から、人類史上最古とみられる石器の使用痕跡が見つかった。これまで最古とされた石器の使用時期を約九〇万年さかのぼる発見だ。（中略）従来はエチオピアで見つかった約二五〇万年前の石器が人類最古とされた。（中略）近くで約三百三十万年前のアファール猿人の化石が見つかっており、この猿人が利用した可能性が考えられる。（以下略）」

しかし、石と人類の関わりの歴史は、これが最初ではないはずである。現在の考古学で、石器と明確に認められるようになった石の道具以前から、石ころ自体を、何らかの目的のために投げたり、落としたり、叩いたり、並べたり、積んだりする行為は、人類の最初のころからあったのではなかろうか。六〇〇万〜七〇〇万年前、人類が分かれたとされるチンパンジーが、石ころで木の実を割っている映像を見たことがある。ある鳥が、捕まえた獲物を石に叩きつけたり、空中高くから石に落としたりしている映像も見た記憶がある。珍しいものでは、ある大きな鳥が、かなり大きな石を飲み込んで食べたものを磨り潰し消化に役立てているような記録をテレビで見た。また、いろいろな小動物が、石を並べ替えて住みかにしている。人類も、その出発から、危険から身を守るため、小石を武器にしたり、大きな石に隠れたり、洞窟に身を潜めていたに違いない。

石器時代は非常に長い。人類の歴史の九九％以上を占めている。礫器、握斧、尖頭器、刻器、削器、ナイフ型石器、石錐、抉入石器、細石器、石鏃、石斧、石皿、石杵、砥石など、考古博物館でよく見られる道具がつくられ使われた。様々な道具が工夫され、より性能の高いものへと試行錯誤を重ねるうちに、石の種類と性状を熟知するようになったのであろう。黒曜石や珪岩、青白珪石、頁岩、讃岐岩などが使用され、これらは限られた所から産出されるので、物々交換を通じて広域的に流通するようになっていったとのことである。また、次に続く金属使用の時代の門戸を開いたのも、色々の岩石を探し求めているうちに、金属を含む岩石に気付くようになったのではないだろうか。

「曲がった足で、河岸に沿って、よちよちとぶかっこうに歩いて行く。そして、急に、砂の上に腰をおろす。大きな石が目についたからである。その石を手に取ってながめているが、やがて、別の石に打ちつけてみる。それから、立ち上がると、見つけた石を持って、また歩きだす。」『人間の歴史―先史・古代編』(イリン・村川隆訳、角川文庫)

子供時代の石

個体発生は系統発生を繰り返すと言われている。無垢な子供は、石器時代から連綿と続いてきた遺伝子の作用か、先祖の心を受け継いで石に惹かれる。私は、孫たちが来ると、近くの高梁川（岡山県の三大河川の一つ）によく連れていく。子供らは、無心になって石や水と戯れる。私にとっても、子供時代、高梁川は、豊かな遊園地であった。思い出が尽きない。石を積んだり、小石を水面上に沿って投げる「水きり」遊びに興じた。ここで、色々な石に出会った。珍しい石や、美しい石や形の面白い石は拾って持ち帰ったりした。

理科の学習で学んだ岩石の分類をもとに、同定作業をしたが難しかった。現在も、石の分類、同定の力はすこしも上達していない。角がとれ丸くなった石が、気の遠くなるような長い時間をかけて上流から流されて来てできあがったものであることも学んだ。水中の石の上や底には、今では見ることの少なくなった魚たちがいっぱい住んでいた。浅瀬の石を動かしては、魚はじめ多くの水棲動物を探して遊んだ。水辺の砂浜は、砂鉄で真っ黒であった。砂鉄は、ある種の岩石の構成要素の一部分であることも学んだ。磁石を持って行って集めたこともたびたびであった。砂鉄や磁石は不思議な世界であった。地球も、一つの大きな磁石であるということを知ったのはいつごろであったろうか。砂鉄が、古代製鉄の〝たたら〟と、関連していることを知ったのは、ずっと後のことである。子供にとって、磁石以上に大きな謎をかけられるのが化石の存在である。高い山の上に海中生物の化石が存在することを学んで、ダイナミックに生き動いて姿を変えていく地球を実感することもできた。高梁川の上流には、化石の宝庫がある。生命の進化が石となって封じ込められている不思議には、心が捕らわれてしまう。そして、なにもかもが石になっていく自然の摂理にも驚いてしまう。

現代の子供が興じている風景では、ほとんど見かけることはなくなったが、私どもの時代、石を使った遊びは、遊びの中心にあった。さらに古い時代にあっては、なおのこと子供の必需品であったろう。また、餅つき臼石、漬物石、字の書ける蝋石や、お風呂場にあった軽石、よく拾いに行った近くの駅舎の操車場に落ちていた石炭、干瓢の漂白に使っていた硫黄など、様々な石・鉱石が身近にいっぱいあった。

ここで、『日本の遊戯』（小高吉三郎、羽田書店）に掲載の石に関連した遊びを紹介しておく。「石合せ」、「石投げ（石打、礫打、ツンバイ、印地打ち）」、「石崩し」、「石拳(じゃんけん)」、「石蹴」、「石積み」、「石投げ」、「石投手・いしなご」、「石弾・いしはじき（オハジキ）」、「石拾い」が「い」の項に挙がっている。

第三章の「自分の石」で一度取りあげている本であるが再び書いておきたい。原著は、一九七四年に出版された『すべてのひとに石がひつよう』（バード・ベイラー、ピーター・パーナル画、北山耕平訳、河出書房新社）。一九九四年に発行のこの中に、次のような一節がある。「友だちの石を持ってない子供はかわいそう」。そして、子供と石の関係の印象的な絵と一体になって、石を見つける一〇のルールについて書かれた絵本である。訳者の北山が、「あとがき」で以下のように述べていることが深く心に刻まれた。

「変化の時代には、なにが起こるかわかりません。どうか自分の石を見つけてください。特別な場所、あなたの来るのを待っている石に、見つけてもらってください。そして自分の石を手にしたら、その石の話に耳を傾け、その石の声を聞きながら、一緒に旅をしてみてください。そして残りの人生をその石とともにすごしましょう。石はそれぞれが記憶装置ですし、生きている小さな地球です。石の話すことは、地球の話していることなのです」

多彩な石垣・石積み

高梁川から、さほど遠くない所に位置するわが家の建っている土地は、数十センチメートルの高さの石垣の上にある。いつごろ造られたものかわからないが、堤防が築かれるまでは、洪水のたびごとに川筋が変わっていた歴史を有する高梁川流域にすむようになった先祖が、水害対策として取った措置である。この地域で、旧家と言われる家は、多くがそれぞれ石垣の上に屋敷がある。このことは、下流域すべてに通じることで、建設省岡山河川事務所が昭和五〇年に発刊した労作『高梁川史』（四三五頁）にも、相当の頁を割いて記載されている「水害」の章のなかで、家屋の石垣のことに触れている。石垣は、山の多い、狭い国土のわが国では、土地を有効に利用する上で、欠くことのできない技術であった。

この分野の代表的な書物である『石垣』（田淵実夫、法政大学出版局）（前身の本として『日本の石垣』朝日テレビニュース出版部）に、「たとえ狭小な国土とはいえ、住民の生活帯をこれほど丹念に石で鎧い、石で縁どってきた国は世界に類がない。都市にせよ近郊村落にせよ、目通り百メートルの間に石垣ののぞいていない地域というのはまれである」とあり、さらに「日本という国は身幅が狭いうえに小緩が多く、傾斜面と小渓谷とに満ちていて、おまけにぐるりは海である。その傾斜面と谷底と海べりを頼りに暮らしを立てようとすれば、まず石をつらねて手にも盾にもしなければならなかったのだが、そのことを今は多くの者が忘れようとしているのである」と言葉が添えられている。

『石垣』の内容であるが、第一章「石垣の民俗」は「石の利用史」「石垣師の活動」「石垣の発達」「石工の技術」「石垣の美と地方差」、第二章「石積みの古法」は「石積みの基本方針」「石積みの入念工作」「石採りの技術」、第三章「石垣の文化」は「石垣への郷愁」、「石垣の文化」である。石積みの形式としては、①整層野石積み、②整層樵石積み、③乱層野石積み、④乱層樵石積み、⑤整層乱石積み、⑥乱層乱石積みと分類し、詳細に解説している。石積み技術に関しては、『石積の秘法とその解説』（大久保森造・大久保森一、理工図書）が、さらに詳しい。

『石垣』の中の、「石垣の文化」にある、次の一節は、私も同感である。「わたしは、都会の林立する高層ビルの一つひとつを、時に、なんという冷淡至極で孤立的なのであろうと見まわすことがある。その非人情さ、非人間さは、欧米各国の、また、ローマ、ギリシャ、オリエント、アッシリアなどの石造建築遺跡を目にしたときにも同じくいだいた感想であった。そうして、その都度、日本の風土とそこで育てられてきた日本人の感性に在来の日本の石垣はよくマッチしていることを思い、いつかまた文化が円熟してくる時には、在来の石垣の顧みられることもあろうかと、みずからを慰めているのである」

同じような思いから企画されたと考えられる『石積み』（サンケイ新聞社編、光風社書店）は、昭和五〇年一一月二日から翌五一年一〇月一〇日までサンケイ新聞日曜版に連載されたものである。司馬遼太郎などの著名人の文章が添えられた、全国五〇カ所の石積み風景写真集である。以下に列挙しておく。城の石垣が圧倒的に多いが、畑や民家、寺、庭園、道沿い、荷渡場、古墳の石室など多彩である。日本の美しい風景の中に、石垣は欠くことができないものである。私は、身近に見られる田畑、河川、家屋、寺社などの素朴な、しかし、しっかりと礎となって支えている石垣を見て歩くのが好きである。人は、石垣のようにあらねばならないという言葉をかみしめることが多い。

江戸城の石垣、土佐・檮原の千枚田、秩父・大滝村の猪垣、岐阜・岩村城の石垣、新潟・新発田城の石垣、比叡山・滋賀院門跡の石垣、島原・日野江の石垣、近江・観音寺山・佐々木城の石塁、飛鳥の石舞台、讃岐・丸亀城の石垣、大菩薩峠の荷渡場、桐生・忍山・間道ぞいの石垣、大和・郡山城の石垣、沖縄・竹富島の民家の石垣、市川・真間山弘法寺の石段、山口・萩の武家屋敷の石垣、広島・鹿島の段々畑、静岡・引佐奥山・方広寺の石垣、東京・三宅坂の最高裁庁舎、八丈島の玉石垣、奈良・池原の里、徳島城趾の石垣、長崎の眼鏡橋、福岡・女山の神籠石、備中・松山城の石垣、静岡・天城山麓のわさび田、東京・湯島女坂の石段と石垣、愛媛・今治城の石垣、奄美のサンゴ礁の石垣、和歌山・粉河寺の枯山水、熊本・人吉城の石垣、安芸宮島・雪舟園の石垣、鎌倉・浄智寺の石段、群馬・藤岡・伊勢塚古墳の石室、群馬・沼田城の石塁、静岡・三ヶ日・千頭峯城趾、醍醐三宝院の藤戸石、恐山の小さな石積み、奥高野・杖ヶ薮の里、兼六国・日本武尊像の台石、銚子・長崎町の石塀、福井・小浜城趾、信州・佐久の五稜郭、小田原・一夜城皿、鹿児島・知覧の武家屋敷、大阪・生駒山・暗峠の石畳道、沖縄・中城城趾、大阪・源聖寺坂、長崎・平戸の児誕石、大阪城の焔硝石蔵。

日本は「石の国」

日本は「木の国」で、西欧は「石の国」であると、よく言われる。これは、わが国においては、国土が山林におおわれて木材が豊富で、材料が得やすかったり、一方で地震の多発国であり、石を積み重ねた構造物は倒壊しやすいために、必然的に木でできた建築物が主流となってきたためである。若いころ、一度だけ、ヨーロッパの数カ国を駆け足で旅したことがあるが、都市では、道はすべて石畳が敷かれ、建物はほとんど石造りであった。頑丈で美しく整然としてはいるが、何か冷たく閉鎖的で圧迫感を感じる固い雰囲気があった。

しかし、日本は、本当は「石の国」と言わねばならないのではないだろうか。前章で述べたように石垣をはじめとした石積みの構造物は、いたるところで見ることができ、また次項で取り上げる石でできた神や仏の造形物は、それこそ地域の至る所で見ることができる。日本以上に身近に多数の石神、石仏を見ることができる国は他にあるのだろうか。『民俗採訪　石と日本人』（野本寛一、樹石社）、『日本人と石─未来への展望─』（株式会社エス出版部）、『日本の石の文化』（島津光夫、新人物往来社、二〇〇七）などでも、日本文化の中で石が大きな役割を占めていることを強調している。

そして、なによりも国歌の中で、石が歌われているのは他に例がないのではなかろうか。他国の国歌が、国民の心を鼓舞するような明るくテンポの速い曲であるのに対して、「君が代」は、できるだけ心をしずめ、悠久の時の流れに思いをはせさせるように、岩石の生成とその後の変化を静かに歌うようにできている。不思議な国歌であり、また国である。石に何よりの価値を置いてきた、日本の国土に住み続けてきた先人の心の結晶であると思いたい。

第九章「石に学ぶ」の中で紹介する『石との対話』（矢内原伊作）の書き出しの見出し

は「日本と西欧」である。次の文で始まっている。「ヨーロッパの土を一度でも踏んだことのある人なら、だれもが痛感するにちがいないことだが、西欧の都市はすべて石で築かれており、西欧の文化は一般に石の文化と呼んでいいようなものである。（中略）風も光も通さない石の家は、堅牢ではあるが暗く冷たい。それは人間が人間に対して狼である社会での、人を寄せつけぬ城郭である。（中略）西欧人にとって、石は家をつくるための材料にすぎないが、石の家に住まぬ日本人は、それだけかえって石に特別の思いをよせ、石によってさまざまな感情を養ってきたのである」

栗田勇は、日本人と石に関して、『石の寺』（写真・岩宮武二、淡交新社）の中で、極め付きのような、次のような一文を書いている。「古来、石の文化と称せられるものは多いが、日本人は、石を部分的素材としてばかりでなく、ある生物のような統一性のある有機物とみたようである。そこに日本だけの石の芸術の誕生があった。石を愛し石を眺めるということは、一見、枯淡にみえるけれど、じつは、ぎゃくに、石にさえ、情を移して生きるという、はげしい情念のドラマを演じることにほかならない」

石の謎・宗教の謎

この小見出しの題名は、五来重の『石の宗教』（講談社学術文庫）〔原本は同じ題名で一九八八年に角川書店から出版〕から拝借したものである。次のような一文で始まっている。「石にはどうして、こんなに謎が多いのだろう。月の石から路傍の石仏、石塔まで、すべて謎だらけである。これは自然界の謎を石が背負っているように、人間の心の謎を石が背負っているからだろうと思う。そして人間の心の謎は宗教の謎である」

人は、その初めから石にすがり、頼り多くの恩恵を受けてきた。一方、様々な障害や災害の元凶にもなり畏怖すべき対象でもあった。ともかく、この固く沈黙した壊れにくく動かない物体は、人の理解をはるかに超えた神秘的な存在であったはずである。

前述したように、わが国では、町や村の至る所に、神や仏に関する石の造形物が置かれている。狭い私の住む町内にも、数カ所のお地蔵さん他の数体の仏の石仏を祀っている御堂がある。ここで、年に一度、子供たちへのお菓子の接待が行われる。二カ所ある神社には、様々な石造物が存在する。さらに、高さ数メートルはありそうな秋葉大権現と金毘羅大権現の石の常夜灯もある。また、いまでは寄せ集められてしまっているミニ霊場巡りの跡と思われる石仏群が数カ所ある。その他、高木家墓地をはじめ、いくつかの家の墓地もある。石碑がいっぱいである。地神と彫られた石碑もよく見られる。これらのことは、総社市内の他の地域も同様で、神と仏の石造物にあふれているといっても過言ではない。

『石の宗教』では、次のように、石の宗教の四形態を分類している。①自然の石をそのまま手を加えずに崇拝対象とする。②石に加工はしないけれども、自然石を積んだり、列や円環状に配列して宗教的シンボルや墓にする。③石を加工する。④石面に文字や絵を彫る。そして、第一章石の崇拝、第二章行道岩、第三章積石信仰、第四章列石信仰、第五章道祖神信仰、第六章庚申塔と青面金剛、第七章馬頭観音石塔と庶民信仰、第八章石造如意輪観音と女人講、第九章地蔵石仏の諸信仰、第十章磨崖仏と修験道について論じている。

この分野では大護八郎の一〇〇〇頁近い『石神信仰』（木耳社）が、圧倒的な迫力を持っている。次は、その序にある一節である。「奈良朝の昔諸国の風土記に数多く記されている〝石神〟は、石に素材を求めて仏像を刻むことの盛行に伴って〝石仏〟という名におきかえられたが、日本民俗の石に関する信仰はそれによってと絶えたわけではなく、石仏の中に神を見ることはひき続いてあった。明治四三年に柳田国男によって〝石神問答〟が世に送られたが、それ以後も〝石仏〟の名が〝石神〟をも包括した名称として誰怪しむこともなく今日にいたっている。神仏習合の長い歴史は、こうした世界においても石神と石仏を劃然と区別できない多くの要素をもっている」

少し要約して、目次の部分を紹介したい。

総説篇、各説篇（一）神像系、各説篇（二）仏像系に大きく分かれている。総説篇は序説のあと第一章日本の神で「二つの神」、「外来宗教の影響」、「神と祭り」、第二章石の信仰は、「石と生活」、「石の信仰（石と霊性、立石・岩座・岩境、山嶽信仰と石）」、第三章石神・石仏の造立「石神の誕生（石棒・岩偶、外来の石像、石作部の系譜）」、「石仏の造立（古仏、磨崖仏、塔と石塔）」、第四章民間信仰と石神「新しい石神」、「石神信仰の系統（作神としての石神、塞ぎとしての石神、道の神、治病と石神、性神としての石神、現当二世安楽祈願と石神）」。神像系では序説のあと、第一章生産神「田の神」、「山の神・天狗」、「蚕玉神」、「福神（えびす・大黒）」、「水神」、「風神・雷神」、第二章土地神「地神塔」、「荒神」、「稲荷」第三章塞ぎ「道祖神」、「愛宕神・勝軍地蔵」、「道・橋・鋪石等の供養塔」、「道しるべ」、「石敢当」、第四章治病・息災・延命「庚申塔」、第五章妊娠・安産・育児「月待供養塔」、「子安神」、「姥神」第六章性神「性神概説」、「金精様・きんまら薬師」、「淡島様」、「山王様」、第七章現当二世安楽「日待供養塔」、「現当二世安楽と石神」、第八章修験と石神「役行者」、「蔵王権現」、第九章その他の神像。仏像系は第一章地蔵と観音「地蔵菩薩」、「観世音菩薩」、第二章馬頭観世音「馬頭観世音」、「蒼前様と馬櫪神」、「馬鳴様」、第三章その他の石仏「如来」、「菩薩」、「天部」、「明王」、「その他の石仏」「その他の供養塔」。

ところで、石仏に関する写真集は、数え切れないほどの出版点数があるようで、私も最近、購入を少しためらうほどである。よほど人を惹きつけてやまない面があるのではないだろうか。この分野を、単なる関心のレベルを超えて深く掘り下げて思索したものに、佐藤宗太郎の『石仏の解体』（学芸書林）と、『石仏の世界』（東書選書）とがある。前者の序を吉本隆明が書いているが、非常に長い序である。少し長くなるが最後の部分を引用しておきたい。

「わたしには、人間の歴史の初めに〈石〉の時代（石器時代）があり、そのとき人間は

〈石〉の宗教性と道具性を、未分化なままに識知して自然から類別した、と思われる。人間はそのときストーン・サークルのようなものにも〈石〉の道具性をいだいていたし、石の矢じりや石おののようなものにも宗教性をいだいていた。（中略）ともあれ、じぶんの写真の作品が実現してしまった石仏へ魅せられた契機と、写真作品の〈眼〉が具現した〈石〉の造形美との矛盾に、内的な世界の矛盾を感じ、それに論理をあたえようとして悪戦している佐藤宗太郎の憑かれた姿に、ある痛ましさと、悲しさ、自壊するまでつきつめてやまない真摯さを感じ、一掬の飲み水を添えたい」

岩田慶治の『草木虫魚の人類学―アニミズムの世界―』（講談社学術文庫）の中の、一〇頁ばかりの「石」の項の最初と最後の部分を紹介しておきたい。宗教の源泉に関して、ある種の示唆が得られる。「ニュージーランドのマオリ族は緑石を加工して石器をつくる。はじめは打製石器。（中略）ところが、それにさらに研磨を加える。そうするといよいよ光沢をまし、つややかな宝器となる。一人だけではなく、何人もの、そして、何世代にもわたる研磨と加工、そして、労力の結果がひとつの緑石に注がれるわけである。石はもはや単なる石ではない。単なる装飾品ではない。宝器である。祖先伝来の宝となって棚の上に置かれ、子孫の礼拝をうける。それは宗教的な礼拝の対象、ひとつの象徴となるのである」

「ケラビット族のあいだでは、死者の霊魂を呼ぶ名前はないのだという。（中略）そこで、巨石を立てて故人の霊をなぐさめる。巨石を立てないと霊魂がさまようというのである。巨石にかける集団の意志、あるいは、集団的な意志の結晶としての巨石、それがこの世とあの世を結び、彷徨する霊魂を民俗文化の空間に解放するのであろうか。その意志の場において、この石はあの石であり、巨石のうちに祖先の勲功が重なる。石が、この世とは違った、もうひとつの世界の礎石となる」

私は、数年前から原始信仰・民俗信仰の祭祀の対象で、神社のルーツしもみなされる「磐座（いわくら）」に偶々出会い、大きな関心を抱くようになった。わが国の、夥しい数の磐座は、世界の至る所にある巨石信仰の規模を、はるかに質量の両面で凌駕しているのではないだろうか。これから、さらに深く研究していくために、全国的な「イワクラ（磐座）学会」に加入するとともに、岡山県内で長年にわたって毎月一回、県内を中心とした磐座巡りを続けている「星と太陽の会」（現在は休止中）に参加した。両者の集会には、できるだけ出席しているが、普通、見慣れている風景の裏側に、巨石のワンダーな世界があることに、毎回のように驚いているのである。そして、磐座文化を今日的な形で、掘り起こし振興していくことが、現代文明の閉塞状況を打開していく、一つのささやかな試みではないかとさえ考えるようになってきている。私の住む古代吉備文化発祥の地である総社市内にも、多くの磐座が存在していることを知り、年二回（春と秋）発行の地元の情報誌『然』の編集に参加させてもらい、市内の磐座について探訪記事を連載し、三〇回で完結したところである。

おわりに――石談以外禁ず――

これまで、いくつかの作品の中で紹介しているが「木内石亭（きのうちせきてい）」という名前を知っているだろうか。以前、石の造形にも関連するある会合（熊山遺跡保存会）で、「石と人」との関係について講師を依頼されて、二〇人足らずの人びとの前で話をさせていただいたが、そこで木内石亭を知っているかどうか尋ねたが、どなたもご存じなかった。木内石亭は、享保九年（一七二四年）生まれで、文化五年（一八〇八年）に八五年の生涯を終えている。

森銑三の、有名な子供向け作品『おらんだ正月』の中の一章に「石の長者といはれた石の蒐集家木内石亭」があるので、一部を引用して紹介したい。冒頭部分は以下の通りである。

「今から百六七十年前、宝暦明和の頃に、石を弄ぶことが全国的にはやりました。お互いにめずらしい石を手に入れては、それを自慢し合ふのでした。さうした人々を弄石家と呼びますが、この弄石の大家に木内石亭といふが出ています。そして石を愛した点では、石亭ほどの人は、昔にも今にも類がなからうといはれています」

「石亭は、一一歳のころから、もう石が好きだったと自分で書いていますが、それから七〇年あまり、石を弄ぶことの外には何の楽しみも持たなかったのでした」

「全国各地を旅し、変わった石を求めて歩き、また平賀源内はじめ多くの好事家と交流を重ね石の交換をしていきました。そして大坂の町人で博物学の巨人木村蒹葭堂の序文のある『雲根志』を出版しています。雲根とは、石の異名です」

「『雲根志』は、前篇、後編、三編の三部から成って、全体で一八冊にもなる大部な著述ですが、その中には、石に関することばかりが書いてあるのです。もっとも当時はまだ鉱物学などいふ独立した学問は開かれず、考古学などはなほさらのことですから、『雲根志』も学術的には価値が乏しいともいはれませうが、いろいろのめずらしい石の産地や形状なども載せてあって、専門家の参考になる上に、専門以外の誰が見ても、石についての面白い話が沢山出ていて、興味の深い書物となっています」
「〝東海道名所図会〟には、石亭の家では、石の話以外はしてはならないことになっていること、その居間が琵琶湖に近くて、湖上はるかに唐崎の松その他が見渡されて眺めのたいへんよいこと、石亭の持っている立派な石は、台に飾ったり、小箪笥に入れたり、錦を敷いたり、塗籠に納めたりして大事にしてあることなどが書いてあります」

木内石亭について、さらに詳しいことは吉川弘文館の『人物叢書』の一冊（斎藤忠）となっているので、ぜひご覧いただきたい。また『考古学の先覚者たち』（森浩一編、中央公論社）のなかの一篇（土井通弘執筆）にもなっている。『石　昭和雲根志1』（益富寿之助、六月社）は、二七種の石を現代鉱物学の視点から解説するとともに、『木内石亭小伝』と『石亭をめぐる人々とその遺品』がある。

私は、木内石亭の著作を長い間探し求め続け、ようやくにして『雲根志』（木内石亭、今井功訳注解説、築地書館）と『石之長者木内石亭全集』（中川泉三編、下郷共済会）の両書を古書店の古書目録で見つけ購入できたことが、今となっては懐かしい思い出となっている。これらについては、他の作品、第七章「石と本（一）」、第八章「石と本（二）」でも書いている。

最後に、私の夢は、『石想記』（仮題）という題名のもとに、石と人の関係の全体についてまとめることである。余生の一つの目標に置いているのであるが、まだまだ道が遠い思いでいっぱいである。しかし、わが国に、生涯徹底して石を愛し続けた木内石亭という先人がいたことはとても励みになっているのである。

第六章　日常生活の中の石

はじめに

前章の「石と人」で、石と人との関わりについての全体を展望する意図があって書かれたと思われる五冊の本を挙げているが、その後に刊行された一冊を、まずは紹介したい。『石と人間の歴史―地の恵みと文化―』（蟹澤聰史、中公新書）である。著者は、同書によれば専門は地質学で、特に岩石学・地球科学となっており東北大学の名誉教授である。カバー折り返しの本書紹介には「（前略）地球四六億年の歴史を視野に、地質学・岩石学的に重要な地域を取り上げ、特色を紹介してゆく。石を見事に利用した遺産や文化は、見る者を感動に包む」とある。目次から大きな見出しのみ示す。

（一）石とは何だろう　一、石についての基礎知識　二、石についての考え方の変遷
（二）古い大陸とその周辺の石　一、花崗岩と氷河の国々　二、石の国・イギリス
（三）テチス海の石―地中海沿岸諸国―　一、地中海沿岸諸国　二、中央ヨーロッパ

の石の文化　三、石からできた国家・エジプト
（四）アジアの古い大陸とテチス海の石　一、モンゴルの空と大地　二、アンコール遺跡　三、中国の風土
（五）新しい活動帯の石――トルコ、イタリア、北米、日本――　一、トルコ（アジアとヨーロッパのはざま）　二、ヴェスヴィオ火山とポンペイの追跡　三、アメリカ大陸　四、日本の石文化
（六）天から降ってきた石と地の底から昇ってきた石　一、隕石　二、地球深部からきた石

小見出しの一例を「日本の石文化」でみると、〈典型的な島弧・豊かな石器文化・ヒスイにまつわる話・産出が稀な理由・日本の環状列石・城の石垣と石材のルーツ・御影石・仙台城の石垣・野の仏・遠野盆地・金属資源の宝庫だった東北地方・磨崖仏・世界の磨崖仏と石質〉である。「典型的な島弧」の中で、「日本は木と紙の文化だとよくいわれる」が、「一方で、石の文化がなかったかといえば、そうではない」、「日本らしい石の文化の洗練が見られる」と言い、「石と日本人の交わりは決して浅くはないのである」と述べる。その上で、以下に引用するような、わが国の国土の地質的な特徴を説明した後、石器や

勾玉、環状列石、城の石垣、たたら製鉄、野の仏、磨崖仏などについて、岩石学的見地からの見解を述べていて興味深い。副題となっている、地の恵みを深く感じさせてくれる本である。

「日本列島は典型的な島弧であり、大陸プレートと海洋プレートの境界部にあたる沈み込み帯の上にある。度重なる地殻変動の影響を受けたさまざまな地塊がモザイク状に集まり、そこに海洋プレートに乗って運ばれてきた地塊が加わった。さらに古生代以降何回となく起こった火山活動と、花崗岩などの深成岩類の活動が繰り返されてできあがった。そのため、この列島は大小さまざまな断層によって分断されている。五億年前後の年代を示す地層や深成岩類もあるが、それは小規模であり、大部分を占める花商岩類の時代はずっと新しい。北上山地や阿武隈山地の花崗岩類は、一億二千万年～一億年前、瀬戸内地方など西南日本の花崗岩類は、大部分が一億年～四千万年前くらいの年代を示しており、白亜紀から古第三紀と呼ばれる時代に活動したものである。日本の岩石には、マグマが冷却したり、圧力を受けたりする時に生じる節理や劈開と呼ばれる割れ目が発達しているものが多い」

さて、本章では、私の子供時代には日常的に使用されていたが、現在、使われることの少なくなった石の製品と、逆に町の活性化や地方文化再発見のために掘り起こされて日の目をみている石遺産の例を一つ取り上げてみたい。石の製品で、今、わが家で使用されているものといえば、風呂場にある両面とも中央がすり減った、手のひら大よりやや小さい、楕円の形をした「軽石」一個ぐらいしかない。私には、これが欠かせない。冬になると、両足の踵の皮膚の角化が進行してひび割れ、痛くて歩きにくくなったりする。そのため、入浴時に早め早めに軽石で踵を擦って防ぐのである。冬季の必需品となっている。現在、角化した皮膚を削り取る便利な金属製品がいくつも出回っているが、私は軽石を愛用している。安全で安上がりな品である。私の子供時代から、わが家の風呂場には、ずっと軽石があったように記憶している。今ある軽石は、いつごろから使いだしたものかわからない。

軽石と砥石

軽石は、次第に使われなくなった多くの石製品のなかにあって、やや特異であり、なお現役で活躍中である。前述したように、角化した皮膚を擦るための道具として、比較的安価に、今でも広く製品化され販売されている。また、園芸用に無くてはならなくなっている「鹿沼土」は軽石の一種である。そもそも、軽石は、石であって石の特性に反した側面を持つ。子供の心に、普通、水に沈む石が浮くという体験をさせて、世界に存在するものの不思議を植え付けてくれた。インターネットで「軽石」を検索すると、まず目につくのがフリー百科事典「ウィキペディア」の軽石であるので利用させていただく。

「軽石は浮石などの別名が示すとおり、多孔質のため、水に浮く物が多い。海岸近くの火山や海底火山の噴出物として排出された場合、遠くの海岸まで流れ着くことが多い。このため、火山噴火の有った時から暫くの間、石浜海岸に於いて、時折、軽石を採取できることもある。主に流紋岩質—安山岩質のマグマが噴火の際に地下深部から上昇し、減圧することによってマグマに溶解していた水などの揮発成分が発泡したため多孔質となったもの。発泡の程度はさまざまで、発泡の悪い（孔の少ない）ものは火山弾や火山礫に移化し明確な区別は決められていない。発泡しすぎて粉砕されると火山灰となる（適当に省略）」

二〇〇九年四月刊行の『軽石―海底火山からのメッセージ―』（加藤祐三、八坂書房）という本がある。固い学術書ではなく、一般を対象の啓発書である。軽石だけでなく、岩石全体についても有益な知識が得られる。著者は、琉球大学名誉教授で、岩石学・防災地質学を専攻されておられる。東北大学から、沖縄に赴任して間もなく、海岸で出会った漂着軽石を採集・分類・化学分析し始めて海底火山の研究に繋がっていったという。

本の内容は、「はじめに」に続いて、一章：海岸に漂着した軽石、二章：西表海底火山、三章：軽石に関わる用語、四章：火山ガス、五章：軽石の性質と判別法、六章：北海道駒ヶ岳、七章：福岡岡ノ場、八章：西表島群発地震、九章：遺跡から出てくる軽石、一〇章：漂流できなかった変わり種　材木状軽石、「付録・野外観察の手引き、室内実験の手引き」、「あとがき」から成っている。「はじめに」の中に、軽石と人との関わりで面白い記述があるので、少し長くなるが引用しておく。

「軽石のことは浮石（ふせき）ということもあるが、最近はあまり使われなくなっている。ところが古文書を見ると浮石と出てくる。しかもこれに、〝加留以之〟『和名類衆抄』（九三四年ごろ）あるいは〝可留伊志〟『多識編』（一六三〇年ごろ）、〝カルイシ〟『本草綱目訳義』（一五九六年）などと読みがついている。つまり浮石と書いて〝ふせき〟とは読まず、

〝かるいし〟と読んでいたのである。（中略）用途として、皮細工をするときに皮の汚れを擦ってきれいにする『大和本草』『本草綱目訳義』とあり、さらに『本草綱目訳義』には〝足ノ垢ヲスルナリ〟と、現在と同じ使用法が書かれている」

次に、軽石と同じように、擦る道具の砥石に関して少し書いておきたい。十数年前、江戸時代末に建てられたと思われる旧宅を壊して、新しく家を建て替えた時、母屋より少し離れた南側の庭に位置していた、掘り抜き井戸をおおった屋根のついた建屋を無くし、同時に井戸も閉鎖して、井戸を囲む石垣を庭の景色の一つとして蘇らせた。しかし、底まで周囲が石組みの、直径が約一メートル・深さ数メートルはある穴はそのままで、水は、今も貯まっているはずである。この井戸のある小さな建物は、子供時代からの思い出がいっぱい詰まった場所であった。はじめ、つるべ井戸であったが、いつのころか、手押しのポンプになった。野菜や洗濯物、自分の手足をはじめいろんな汚れ物をここで洗い、また、水道がつくまで、風呂へのバケツでの水入れも手伝ったこともある。この井戸場に砥石がいくつか置いてあった。主として、農業に従事していた寡黙な祖父が、鎌などいろいろの刃物を一心に研いでいた姿が鮮明に思い出される。私も、子供ながら、幾度も、小刀など研いだ記憶がある。砥石は、石の表面の粗い物と、すべすべと滑らかな物の複数があった。家を新築し、庭も新しくしてしまっているうちに、今まであった砥石が行方不明になった。そして、その後、ずっと砥石と縁のない生活を送っている。そのため、刃のある園芸用・農業用器具類も、錆のできたまま使っている。それというのも、日常の作業がそれほどの切れ味を要求しない程度であるためかもしれない。錆びて使えなくなれば、新しい物を買えば済むと思ってしまう、物を大切にしない心が隠れているようにも思えて恥ずかしくなる。祖父母の時代、本当に、あらゆるものを大切に使っていた。反省しなければいけない。

砥石については、残念ながらこれまで、そのことだけについて書いてある書物に巡り合わなかった。したがって、ここでもフリー百科事典『ウィキペディア』を利用させていただいた。以下は、総て「ウィキペディア」からの引用である。よくまとまっている。

・天然のものと人造のものとがある。人造砥石は一九世紀にアメリカ合衆国で製造が開始された。均質であり入手も容易であることから、現在では広く流通している。天然物は、刃物へのアタリが柔らかいことなどを理由に、依然として愛好者が多く、日本では地域ブランドとして丹波青砥、日照山、中山（いずれも京都府）や天草（熊本県）などが著名。

・砥石の粒子の大きさにより、荒砥（あらと）、中砥（なかと、なかど、ちゅうど）、仕上げ砥（しあげと、しあげど）の三種に大別される。天然砥石の原料は堆積岩であり、荒砥は砂岩、仕上げ砥は粒子の細かい泥岩（粘板岩）から作られ、中でも放散虫の石英質骨格が堆積した堆積岩が良質であるとされる。人造砥石の原料は主に酸化アルミニウム及び炭化ケイ素であり、製法と添加物によりそれぞれ数種以上の特性に分かれる。その他ダイヤモンドや立方晶窒化ホウ素、ガーネットなども原料として用いられる。

・主に、金属製の刃物の切れ味が落ちた際に、切断機能を復元するために使用される。また、用途によって種類も多くある。人手で刃物を研ぐ砥石は長方形が多いが、動力を利用するものだと厚みのある円形で、外周端面を使って研ぐものと円形の面を使い水平に回転させて研ぐものがある。

・砥石は、これらの原料の種類、粒度（原料の粗さ）、結合度（原料を結びつける強さ）、組織（原料の密集度）、結合材（粉末の原料を固める材料）などのファクターを選定することにより、あらゆる金属、及び非金属を高精度に研削することができる。

・砥石は後述のように人類の初期からの道具であるが、現代では切削工具（バイト、ドリルなど）では得られない加工精度を得るための正具として重用されている。
・砥石の利用は古く、磨製石器の製作に利用された時まで遡り、新石器時代以降、あらゆる年代の遺跡から出土し、もっとも初期の道具の一つであるといえる。
・日本では縄文時代の遺跡から、石器とともに面状・線状磨痕（明らかに研磨に利用されて磨耗したと思われる痕跡）のある砂岩などが、弥生時代には、墳墓から副葬品として鉄器とともに整形された砂岩が出土している。
・遺跡の出上場所には産しない研磨用と思われる岩石も多く発掘されており、すでに商品としての価値が見出され、より研磨に適した材質のものが選別され、砥石として流通していたものと考えられている。
・日本は複雑な造山活動により、地底奥深くにあることで地圧により固められた良質な砥石となる堆積物の地層が採掘可能な深さまで隆起していることが多いため、日本で採掘される砥石は良質で、現代も世界各地に輸出されている。この良質な砥石を用いて日本では高度な研ぎの技術が発達したため、硬度の高い刃物を製作することが可能になり、これに支えられ、日本刀も発達した一方、大陸部では造山活動が少ないため深部の地層が隆起することはあまりなく、日本ほど良質の砥石が採掘されないため、加工の容易な、日本と比べ柔らかめの刃物を好むようになるなど良質な砥石の有無は刃物文化に大きな影響を与えた。この硬軟の好みは現在でも続いている。

後の石臼の項で、出ていただく三輪茂雄氏の著作『粉の秘密・砂の謎』（平凡社）の中に、四頁ばかりの「砥石」という一文があり、日本の伝統文化を支えてきた影の功労者的存在として砥石を讃えている。

「かつては刀剣、鏡、玉、漆器、大工の刃物、料理人の包丁、どれをとっても砥石なしには存在しなかった。砥石はわが身をすり減らして文化をつくり出してきた陰の功労者」

「奈良の都には春日山の奥から出る白色の春日砥（かすがど）、京都には嵯峨の鳴滝砥があった。地方では三河の名倉砥、越前の常慶寺砥、水なしで磨する上州の戸澤砥などが天下の上品とされていた」

「日曜大工なら電気鉋（かんな）で十分。だが研ぐことは人類が新石器時代からつづけてきた、退屈で骨の折れる仕事。その精神的、肉体的効果について、考えながら私は鉋を研ぐ」などとある。

硯

砥石と硯は、後述するが、深い繋がりを有している。硯は、まだ家の中に、いくつかある。しかし、ごくたまに使うだけになってしまった。昨年、七月から、中学時代の恩師が主宰しておられる墨彩画教室に入らせてもらい、月二回、石と岩を中心に描く勉強を始めた。ここでは、基調としての黒には、市販の墨汁を使用している。冠婚葬祭時などに使う各種の袋や記帳書類などに字を書くときも、墨がすでに入っているペンを使うのが普通になってしまった。硯は、余程のことが無い限り使う機会がない。

まず、硯の発生から始めたいが、大著『硯石学』（北畠雙耳・北畠五鼎、四友会）には、「文字の発生した国なら必ず硯が発生した、というような事実が無いからである。つまり、文字を書くのに必ずしも硯の要求されることがない、ということである」、「硯がインドやロシアで生まれたというような話は未だかつて聞いたことがないから、多分、硯の発生は中国であったことは、これを容認しても可かろうと思う」とある。

次は、同じ著者が、「歴史書としては取るに足りない小冊子ではあるが、硯史としては嚆矢」と自負する『硯の歴史』（北畠雙耳・北畠五鼎、秋山叢書）の中の一節である。

「一九七六年、湖北省雲夢県睡虎の第一一号秦墓より、卵形平板の石硯が発見された。それには、硯と同質の材で作られたと思われる、円筒状の磨石具が付いている。硯にする素材のことを硯材といっているが、硯材には天然石をはじめとして、玉・銅・鉄・陶など約十数種のものがある。これらはみな、硯の揺籃期に並行して制作されてきたものに違いないが、出土例の上限としては、現在のところ秦漢時代の石硯であり、これについで、陶硯である」

両著とも、中国の硯に関してだけ書いている。前著では、端渓石、飲州石、沈河緑石ほか七六の石、硯石文献考として、『文房四譜』（宋・蘇易簡）ほか六三冊の書の解説がなされている。

わが国の硯については、『和硯のすすめ』（石川二男、日貿出版社）と『日本の硯』（名倉鳳山）の二著が手元にある。前者には、いろいろと独自の視点からの記載が多く、中でも『和硯二六産地の順位』はユニークである。一位は、高知の蒼龍竜石旧坑石で、二位が長崎の若田石、岡山県の高田石は一六番目となっていた。『日本の硯』は、記述も詳細で、『和硯産地踏査記』中の「硯材産地一覧表」や、古文献研究としての『雲根志』、『和漢研譜』、『和訓栗』、『文芸類纂』についての資料、硯研究者として「石川二男」、「岡山芳州」、「諸伏敏正」、「鷲尾正則」の四名の紹介、日本産硯についての参考文献として、先の雲根志をはじめ四一冊の呈示等資料価値が高く参考になる。同書によれば、硯文化は、中国に比べてかなり遅く開花し、「日本においては室町の終りごろになって、ようやく作硯の技が表れてきたようですし、それまでは硯を作るのではなく、硯の形状をした自然石などをもって硯としていたようです」とある。

なお、『和硯のすすめ』に面白い話題が掲載されているので紹介しておきたい。「『枕草子』にある〝にくきもの……すずりにかみのいりすられたる、またすみのなかに石のこもりてきしきしときしみたる。……〟などを考えても、清少納言の硯は陶硯（須恵器）で、硯墨共に現代の常識からは考えられない粗末なものであったことが想像される。平清盛が南宋から得た（一一七九年？）松蔭硯（まつかげのすずり）が石硯輸入の第一号となっている。この『松蔭硯』の印象はよほど強烈だったのであろう。文人憧れの硯として君臨し、後世までも語り継がれているが、その名の由来は未だ謎に包まれている」

ここで、『日本の硯』の「硯材産地一覧表」を要約して紹介したい。都道府県毎に、現在の硯名・その別名・作硯されていないものの順に示す。別名は括弧【　】で、作硯されていないものは数が多いので、『　』で最初に記載されている物のみ名前をあげて、その他は数で示す。現在といっても、すでに、ほぼ三〇年以上前の時点のことであり、今ではもはや作られなくなっている所があるかもしれない。また、作る人が少なくなってきていることが考えられる。四月一日の日本経済新聞に次のような記事が載った。一部を載せる。

「東日本大震災は国内有数の伝統工芸品『雄勝硯（おがつすずり）』にも壊滅的な打撃を与えた。宮城県石巻市の旧雄勝町地区で生産する八社の工場や店舗は、街もろとも津波にさらわれた。高い技術を持つベテラン手彫り職人の一人（伝統工芸士の杉山澄夫さん・八二歳）は、使い込んだ特注のノミも失い、〝中途半端なことはしたくない〟と引退を決意。だが、〝それでも（硯は雄勝のシンボルと）再興を〟願う人もいる。室町時代から六百年の歴史を持ち、江戸初期には伊達正宗も愛用したとされる雄勝硯。なめらかな石肌は硯に最も適した硬さといい、国産石では約九割のシェアを誇る町の象徴だ（一部を追加変更）」

北海道：現在の硯は無く、作硯されていないものとして『十勝石（黒曜石）』、青森：ここも、作硯されていないものとしてだけ『黒山石』、岩手：紫雲石【正法寺石・三井石・中倉石（猿沢石）・夏山石・萩生石・瑞井石】、作硯されていないものとして『豆斑石（桜川石）ほか四種』、宮城：玄昌石【ヲガチの石・おかち石・雄勝石・御留山石・仙台石・波板石】、『小船越石』、秋田：木葉石【又川石・小又川石・小股白線石】、『戸波石ほか一種』、山形：『黒鴨石ほか一種』、福島：『足沢石ほか一種』、茨城：小久慈石【大子石・国寿石】、久慈黒石、『白石ほか七種』、栃木：松渓石、『研嵓石（日光石）』、群馬：『桜川石（五つの別名あり）、温泉石』、埼玉：『川越石ほか一種』、千葉・東京・神奈川には記載なし、新潟：奴奈川石、『木葉石ほか三種』、富山：記載なし、福井：鳳足石【紅梅石・宮川石・紫石・鳳足赤石】、『越前石ほか一種』、山梨：雨畑石【雨端石】、『青石ほか一種』、長野：龍渓石【高遠石・鍋黒石・鍋倉石・竹ノ沢石・横川石・天竜石・伊奈石・深沢石】、『村雨石ほか一種』、岐阜：【養老石（錦石・五色石）ほか五種】、静岡：『上加茂石ほか五種』、愛知：参洲の金鳳石【金垂石・銀垂石・寺林石・鳳来寺石・蓬来寺石・宝来寺石・金峰石・宝名石】、鳳鳴石、煙巌石、尾州の金鳳石、三重：那智黒石【淄石・神上石・神渓石・烏翠石・試金石・金付石】、『鏡石ほか四種』、滋賀：高島石【青雲石・玄生石・

玄性石、虎斑石】、京都：清滝石【竜渓石】、岩王寺石【石王子石・若王寺石】、『鞍馬石ほか五種』、大阪：『藍石ほか一種』、兵庫：『赤石ほか二種』、奈良：『紫金石』、和歌山：『五色石ほか四種』、岡山：高田石【神庭石】、広島：『高岩石ほか一種』、山口：赤間石【赤間関石・金線石・紫金石】、紫金石、島根：『黒斑石ほか一種』、鳥取：諸鹿石【竜頭石】、徳島：『阿波石』、高知：土佐石【源谷石・三原石・中村石】、蒼竜石【荒谷石】、『文字関石（栗御崎石）ほか十種』、愛媛：虎間石【黄石・虎石・唐斑石・常慶寺石】、香川：『一種』、福岡：『軍目石ほか七種』、大分：『内岩石（内山石）』、宮崎：紅渓石【延岡石・赤渓石・八戸石】、『米良石（雲渓石）』、鹿児島：『若御子石ほか七種』、熊本：『白石ほか三種』、佐賀：『豆斑石ほか一種』、長崎：若田石【対州石】、『青雲石ほか三種』

私の父の従兄弟にあたる方に、書家で文化勲章受賞者の高木聖鶴氏がおられる。わが家の近くに住まっている。小学生のころ、私も習字を教えてもらいに行っていたが、終に上手になれないままで今日に至っている。私は、自分の本をこれまで三冊『石と在る』『一途な魂』『はるかなる公衆衛生』の自費出版をしてきたが、無理をお願いして、いつも題字を書いてもらった。味わいある書体に、本への愛着が増す気持ちとなる。過日、先生の所へ行って、使われているについてのお話を聞かせていただいた。現在は端渓硯がほとんどであるとのことである。作品の大きさに応じて、硯の大きさも変わり、いくつかの部屋に常時、大小様々な端渓硯を置いてあるようである。既成の墨汁は絶対に使わず、必ず手で墨を磨っておられるとのことである。そして、ときどき名倉砥で、硯の表面を整えるそうである。

最後に、硯作りと『鋒鎧（ほうぼう）』について触れておきたい。『日本の硯』によれば、採石した硯石を、ダイヤモンド丸鋸で型取りして、炭素鋼でできたタンガロイやイゲタロイチップで平板を作り、次いでノミを使った内掘りで、まず縁立（ふちたて）をして、墨をする所（墨堂、墨岡）や墨液を溜める所（墨池、墨海）を作る。そして、裏スキをした後、磨きに入る。磨きには三種類の砥石を使う。第一に荒砥で主として大村砥、第二は中砥で上野（こうずけ）砥、第三は仕上砥で、名倉砥である。近年、良質の人造砥も出てきているとのことである。そして、同書には、鋒鎧については、硯にとって大切なものであり、硯に関係する書物には絶対不可欠なことであると記している。

『鋒鎧』については、『墨と硯と紙の話』（為近磨巨登、木耳社）が詳しい。中国とわが国の文献および電子顕微鏡やレーザー顕微鏡、岩石顕微鏡を使った観察などから詳細な検討をしているが省略したい。ただ、引用している二つの資料を転載させていただく。「石硯用語、石面に密立している微粒子をいう。〝鋒鋩〟の語は、すでに宋時代の文献にしばしば出ている（中略）。〝鋒鋩〟が密立して強いものほど硯石としての価値が高い『書道辞典』（飯島春敬、東京堂出版）」、「美質の石は、玉の如き肌理を有し、磨れば滑にして留まらず、小児の柔膚をなでるようで、墨と硯は相親しみ相恋して密着し、その面に墨を吸付け留める。これを留墨という。この留墨は何によって起こるかというと、石質の精美なもので、〝鋒鋩〟があるためである。その鋒鋩とは石の目ともいうべきもので、先ず石を日光に照らして見るとき、閃々光る微塵又は細粒のごときものがあり、縮緬地のごとく見えるもので、墨を磨ればこれを吸付け留める。故に、〝鋒錐〟よく曇を噛むという」（『硯の栞』（山口意石、後藤石農共著）

石臼

前記した三輪茂雄氏には、石臼（特に回転碾き石臼・ロータリーカーン）に関する三部作がある。『石臼の謎』（クオリ）と、『石臼探訪』）（クオリ）、『ものと人間の文化史―

臼―』（法政大学出版局）である。それらにある氏の経歴は、「一九二七年岐阜県生まれ、同志社大学教授。専攻は粉体工学〝ふるい分けに関する研究〟で工学博士。鳴き砂研究では世界的な活動を展開し、一九九一年以来島根県仁摩町〈仁摩サンドミュージアム〉の監修者」とある。

臼は、大別して、「ひき臼」（碾き臼）と「つき臼」（挽き臼）の二種類があるが、主として前者の回転石臼について、産業考古学視点を念頭に、民俗学・生活文化史的調査など駆使して、全国各地の臼に関連した人、物、場所などあらゆるものを訪ね歩き、調べ上げている。『石臼の謎』の六頁にわたる「はしがき」の一部を、長くなるが、ぜひ紹介しておきたい。私も、全く同様な思いを抱き続けているのである。

「石臼は、今から二〇、三〇年前までは、わが国の庶民生活のなかで、なくてはならない道具のひとつであった。しかし、その後の著しい生活様式の変化のなかで、石臼の存在は急速に忘れられていった。現代の若者たちは、もうほとんど石臼を知らない。草深い田舎にでもゆけば、まだ古い家の物置や蔵のなかに、埃をかぶって眠っていることもあるが、改築された家では庭の片隅に放り出されたり、漬物石になっていたり、埋め立てられてしまったり、ときには庭石になったりしていることさえある。（中略）石臼はいまや急速に失われる運命にさらされている。それにもまして、石臼をめぐるいろいろの事柄についての記憶をもっている人々もめっきり少なくなってしまった。これから数年経過するならば、石臼に関する情報はほとんど消滅することは確実である。石臼の研究が価値あるものであるかどうかを問うまえに、いまは一日を争って調査を進めておかねばならない。（中略）環境破壊をくいとめることは、現代人に課せられた責務であるが、これと同時に進行している生活様式の変化がもたらす結末については、未だほとんど認識されずにいることを、ここでとくに指摘しておきたいと思う。これを〝生活様式の破壊〟と呼ぶのが適当であろうか。老朽住居を建てかえたり改築したとき、石臼が庭石になることはひとつの象徴的な事件であって、これと同時に無数の民具が失われている。その一部はときに民芸品マニアによって形骸だけが、もち去られる。しかし失われるのはそれらの物だけではないところが重要な点である。それらの物を使う生活も、それらを作り出す技も、そして今日までの歴史のなかで育てられ、保存されてきた人間の生活の知恵の集積も、そして、もっと大切なことはそれにともなう、かけがえのない心も一挙に失われているのである。すべては現代生活にとっては不要なものであるあるから自然のように捨てられるが、いったい現代とはそもそも人間にとって何なのか、と考える余裕もまた与えない。（後略）」

旧宅の母屋と蔵に接して、農機具や農業生産物などを置いておく二階建ての「ながや」（長屋？）呼んでいた建屋があった。ここは、子供時代の格好の遊び場でもあった。私は、大学卒業と同時に結婚し家庭を持ったのであるが、当初、仕事の関係で、岡山市内に住んでいた。しかし、数年後、長男が誕生し、妻も仕事を辞めたので総社に帰ることになった時に、祖父母や父母が協議して、「ながや」を取り壊して、そこに住まいを新築してくれた。私たちは、一時期（五年間、転勤で家族とも津山市に住む）を除いてその新居で三人の男の子を育て上げた。「ながや」の構造は、いまでも、くっきりと脳裏に思い浮かんでくる。そこにあった、石でできた「ひき臼」（挽き臼）と「つき臼」（搗き臼）の位置も覚えている。祖母と一緒に「ひき臼」を引いたことも幾度もある。「きなこ」、「米粉」、「小麦粉」などを作ったように思う。「ひき臼」は、「ながや」が無くなると同時に役目を終えたが、「つき臼」は、その後もずっと、子供らが高校生になるころまでは、正月まえには、毎年使って、木の杵（きね）で餅を搗くのが我が家の年中行事の一つであった。今、それらは、重なり合って、新しくなった母屋の北側のお稲荷様の傍で休んでいる。また、市内、県内外行く先々で、役目を終えた「ひき臼」と「つき臼」が、ひっそりと色々な姿で在るのを見かけるが、いずれ、これらの姿さえ見なくなることも、遠い先ではないように思うと、三輪氏の嘆きが一層切実に胸に迫ってくる。

終わりに、臼の歴史について、『石臼の謎・増補』『石臼探訪』から一部を抜粋しておく。

「エジプトの時代はサドルストーン（石皿）がつかわれていたことはよく知られている。これは全世界にひろく分布しており、わが国でも縄文時代の遺跡から発掘されるもっとも原始的な製粉機であり、人類は数千年あるいはそれ以上もの間、この段階に留まってきた。これは生産性が極めて低かった『石臼の謎・増補』」、「『石臼（ロータリーカーン）』の起源は紀元前一〇〇〇年にさかのぼり、メソポタミヤ地方の小麦の文明とともに発達し、長い年月を経て全世界に拡がったものと考えられる。（中略）中国大陸や朝鮮半島ではすでに今から二〇〇〇年以前に石臼が存在したことが確認されている。ところがこれが日本列島に渡った時期については全くわかっていない。現在までにわかっている資料では、それから一〇〇〇年あるいはそれ以上の年月を要している」

おわりに

「力石」――石の遺産に光を――

今回は、奇しくも「軽石」、「砥石」、「硯」、「臼」と、「する」という人間の行為に関係した石の製品に関連した石の話題を取り上げてきた。最後は、これらとは全く異なった分野の石の話であるが、同じように見捨てられようとしている石たちである。ほとんどの地域では、すでに見捨てられてしまっていると言ってもよいかもしれない。この「力石」について、先の石臼の三輪氏以上の情熱を持って、全国各地の力石の発掘調査を重ね続けているのが四日市大学の高島愼助教授である。健康科学研究教室のホームページを見ていただければわかるが厖大な調査研究報告、著作が紹介されている。私は、その内のごく一部を手にしているだけである。ホームページにある著書を以下に列挙する。すべて岩田書店から出されている。

【『力石を詠む（五）』作成中、『新発見・力石（二）』作成中、『力石（ちからいし）』、『播磨の力石（改訂第二版）』、『新発見・力石』、『力石を詠む（四）』、『九州・沖縄の力石』、『石に挑んだ男達』、『山陰の力石』、『群馬・山梨の力石』、『茨城・栃木の力石』、『石川の力石』、『福井の力石』、『富山の力石』、『力石を詠む（三）』、『新潟の力石』、『山陽の力石』、『兵庫の力石』、『埼玉の力石』、『力石を詠む（二）』、『三重の力石（改訂第二版）』、『千葉の力石』、『力石を詠む（一）』、『北海道・東北の力石』、『さいたま市の力石』、『四国の力石』、『神奈川の力石』、『長野の力石』、『岐阜の力石』、『京都・滋賀の力石（改訂第二版）』、『愛知・静岡の力石』、『奈良・和歌山の力石』（改訂第二版）、『東京の力石』、『大阪の力石』】

同氏は、現在全国各地に一万三千七百三十八個の力石を確認したと記している。以下、氏のホームページの力石の解説を要約したものである。

「〝力石〟とは、昭和初期まで全国の各集落で行われていた〝力比べ〟に用いられた石のことです。労働を人力にたよっていた時代には〝力〟が重要だった訳です。また娯楽の少ない時代のレクリエーションでもありました。力のある人は、稼ぎも多く村一番の美人を嫁にすることもできた地域もありました。

歴史とは、人々の歩みであり、そこには人間の歩いてきた道程がある。そして文化とは、創造である。また歴史とは、決して特定の人物が作ってきたものではなく、多くの名も無き人々が作り上げてきたものである。これら先人の生活の中で生まれて、人々のコミュニケーションの中心に存在していた〝力石〟、多くの人々が汗し、親しんできた〝力石〟は、労働の機械化や娯楽の増加により、必要性を失い、その役割を終えた。（中略）しかし静かに眠ってはいるが、一般庶民が毎日のように汗し、親しんできた〝力石〟も、まぎれもない郷土の文化遺産である。（中略）日本の〝力石〟は、石占（いしうら）から発生したとされる説がある。全国各地の神社仏閣に存在する重軽石（おもかるいし）である。この重軽石は老若男女にかかわらず願いごとを唱えて持ち上げ、その重い軽いの感触によって願いごとの成否、吉凶を占うという信仰を対象とした石のことである。しかし全国的に調査を行っている中で、〝力石〟による石占的な談話は、ほとんど聞かれなかった。（中略）〝力石〟という言葉をさかのぼると江戸時代の連歌に「わくら葉やいなりの鳥居現れて（其角）」「文治二年のちから石もつ（才丸）」とがある。文治二年（一一八六）ということから鎌倉時代には、すでに〝力石〟が存在していたのであろう。（中略）

江戸時代の終わりには各地で〝力石〟による〝力石〟が盛んであり力持興行なども行われていた。（中略）現在〝力石〟を用いた〝力持ち〟が行われている所は、全国で一〇ケ所ほどある。競技方法は、石担ぎ・石ざし・片手留（片手止）・振りさし・曲持ち・石回し・襷（たすき）掛け・石運び・足ざし（足受け）・石立て・石投げなどがあり、使用した〝力石〟の大きさによって色々な方法で〝力持ち〟が行われていた。力石の形は、ほとんどが楕円形で表面に凹凸が少ない自然石である。これは手のかかる所が少なく、わざと持ちにくい石を使用したとする説や体に傷をつけないための配慮もある。しかし地域によっては手のかかる凹部をつくったり、縄を掛ける溝を刻んだ石も見られる。重量としては二〇貫～三〇貫前後が多いが、これは一六貫（六〇キロ）の米俵一俵を基準として〝力持ち〟が行われていたためであろう。即ち一六貫が最低基準であり、力自慢をするためには、それ以上の重量で競ったわけである。

一般に全国で使用されている〝力石〟という呼称も地域によっては磐持石、盤持石、呑持石（順番に持ち上げて力くらべをする石）、晩持石（晩に持ち上げて力くらべをする石）、かたげ石などと呼ばれていた。力石を用いた力持ちのことも『バンモチ、バンモツ、力持ち、石担ぎ、担ぎ石、石ころ担ぎ、タエクラベ、強力、石にない、カド石ニナイ、一月あげ』などの呼称がある。（後略）」

高島愼助教授は、各地の力石について書いているそれぞれの著書の最後に、「力石の保存方法」と「力石保存への動き」の項を設けて述べている。「現在、全国各地の〝力石〟が続々と保存されつつある」、「これら各地における〝力石〟保存の動きは、住民の〝力石〟に対する文化財としての理解が深く、先人の文化遺産を大切にしたいという願いが実を結んだものである。体育史学的および民俗学的な文化遺産である〝力石〟について、さらに啓発と保存が望まれる」とある。

私が住む総社市のその名称のもとになった「総社宮」の境内にも、いくつかの力石があったことから、その境内で、平成六年から、毎年八月の第四日曜日に力石の競技「力石総社」が行われている。有志から成る実行委員会が岡山大学ウエイトトレーニング部の協力を得て行っている。競技方法については、「半貫から四八貫（約一八〇キログラム）の横綱力石までの一三個の力石を使った力比べに老若男女が挑みます。ルールは、力石を一〇秒間持ち上げられればクリアで、その最も重いものが記録になります」とある。

この方法について、高島教授は、『地切り』として、総社の例を紹介して、著書の中で取り上げて下さっている。「地面から力石を少し持ち上げる程度。地域によっては地面から力石が離れることを〝娑婆の風を通す〟、〝黒虫を通す〟、〝蟻コが死ぬるくらい〟、〝蟻殺し〟、〝根が切れる〟、〝浮き世の風が通る〟、〝蟻通〟などという表現を使用していた所もある。総社宮では、平成六年より復活している」。女子は、市内の者が、毎年頑張っているが、男子は、最近ずっと市外の方が優勝者になっている。審判の掛け声で、石を紐で持ち上げるのである。審判は、笠をかぶり、裃を着けている。

インターネットで「力石総社」で検索すると、毎年の優勝者や会場の写真などを見ることができる。わが総社で、埋もれようとしている石の遺産「力石」に光を当てて下さる人々が存在するのは、総社の文化度を示していることでもあり、本当に誇らしくもあり、有り難いことと頭の下がる気持ちでいっぱいである。

第七章　石と本（一）

平成一〇年四月、岡山市役所の南に接して新築された岡山市保健福祉会館のなかに、職場（岡山市保健所）が移転してきたため、本が好きな者にはこたえられない環境を手にすることができた。

まず、岡山大学医学部が近くにあり、その前で、保健医療関係の二つの専門書店が営業しており、公衆衛生領域の業務に携わっている私にとっては、極めて便利になった。

また、周辺に五カ所の古書店が存在していることが、次第にわかってきた。昼休みは、仕事の都合で外に出ることができない場合を除いて、毎日のように、ストレス解消と運動不足対策も兼ねた散歩で、西川緑道公園を経由し、古書店を中心に本屋通いをしている。書店の中で過ごすひとときの時間は、雑事を忘れた至福の時である。

古書店は本当に面白い。新刊本を扱っている書店が、どちらかというと画一的になりやすいのに比べて、時を超越した本の種類、店主の個性が表れた本の配列と価格設定など、さまざまな点で意外性に富んでいる。百円均一の、「ぞっき本」コーナーの中に、私にとって、とても価値ある書物を見つけた時など、その日一日が幸せな気分に満たされる。

また、自分の生年月日よりも発行年の古い本などに出会うと、時代の荒波を生き残ってきた、それだけのことで畏敬の念を抱いたりする。本年（平成一一年）三月一二日、古書店の一つ「一風堂書店」にて、これまで存在を知らなかった「磐座」に関する本を偶然見つけて胸が高鳴った。

新旧の本との長いかかわりの中で、しだいに、私には、いくつかの収集対象分野が出来上がってきたが、その中の重要な一つが「石」について書かれたものである。

いつごろから、なぜ石に惹かれるようになったのか、今となっては定かでないが、人の生活の根源をかたちづくっている石が、動物や植物、天候などの他の自然要素に較べ、多くの人から関心が払われる度合いが少ないことが背景にあるような気がする。石に関する書物は、店頭でもほとんど見かけない。

子供時代、石ころは、道にも空き地にも、そして畑にもあふれ、迷惑に思うことも多かったが、どこにでもあった小石が、遊び相手として欠かせなかったことが懐かしい。今、その風景を見ることはできない。石を想い、石を身近に置いて、石から学んでいくことが今、必要なのではないだろうか。このことについては、別に深く掘り下げてみたいと思っている。

石の本については、いくつかの例外を除いてジャンルを問わず、あらゆるものを対象としている。たとえば、水石・庭園などの趣味の世界、宗教・民俗と石の関連、文学にとりあげられた石、鉱物学などの石の科学、石についての総説やエッセイなどにわたっている。詩歌のなかの石のイメージは、特に貴重に感じ採録に努めている。

書き留めたノートは、私の宝物といっても過言ではない。小杉放庵、岡麓、草野心平、堀口大学、与謝野晶子、壺井繁治、武者小路実篤、室生犀星、八木重吉、高村光太郎、中島教、石川啄木、西条八十、金子光晴、金子みすゞなどの作者の名前が見られるが、もっとも作品が多いのは、かなわぬ夢ではあるが、私が、これからの生き方において、最も近づきたいと思っている四国（詩国）の愛媛県に在住の坂村真民さんである。

これらの詩歌と向かい合うことによって、「石に向き合うことは、自己自身に向き合うことにほかならない（矢内原伊作『石との対話』）」ことが、一層深められ、生涯の課題である、自分の不思議の探究が少しは進んでいくような気持ちがする。

さて、これから、私がこれまでに、古書店で、出会い購ってきた幾冊かの、珍しいと思われる石に関する本を紹介してみたい。

まず、前記の「磐座(いわくら)」に関する本であるが、題として『古代祭祀跡　吉備の磐座』とあり、吉備地方を中心とした県内各地に散在する一〇一カ所の磐座を写真と手書きの地図で紹介し、それに由来を考察した文章を添えた自費出版本（原稿作成平成元年、印刷発行平成四年）である。

腰巻きのように表紙に、『今「いわくら」が面白い』とあり、見開きに「いわくらを見にいってみませんか」とあるのが、著者・佐藤光範の磐座への強い愛着を表しているように思える。

古代からの、人と石の神聖な関係を残し続けている磐座は、現代人にとってもまたとない癒しの場となるし、愛石・敬石への格好の入り口となりはしないか。

本書にとりあげられているいくつかの場所は私も時々訪れて、元気を回復する場である。まだまだ、行ってみたい所がいっぱい残っている。

次は、昭和六一年一〇月二八日、仙台市で行われた日本公衆衛生学会に出席して、市内の古書店で手に入れた『石崑崙』という装丁・内容ともに一風変わった、昭和一〇年発行の私家本である。

少年のころから石が好きで、「石狂」「石道楽」と呼ばれたこの本の発行者が、長年にわたって、日本各地から集めた、無数の奇石・珍石・佳石などによって、崑崙山を模して築造した山岳、渓谷、滝などからなる高さ二六尺の峨峨たる一大石連山に対して、二百数十名を超える多くの人から寄せられた題字・寄書・画賛・祝歌・祝画・祝詞・祝詩・祝句・川柳・画・書などをまとめたものであるが、八〇頁もの「石譚」、後楽園の石にも言及している「石ころ駄弁」などの随筆の寄稿も含まれている。

五歳の幼児や地元の名士から、犬養毅・若槻礼次郎・宇垣一成・矢野恒太・高村光雲・頭山満・竹久夢二・土師清二などの著名人まで名を連ねている。

ところで、驚いたことに、発行者である石井金三朗氏は、私の住まいしている総社市に近い備中国高梁町（現在の高梁市）出身であり、仙台市内の繁華街に西洋料理店「金富士」を構えて成功したことが、本書に記されている。石井氏のくわしいルーツ、「石崑崙」と「金富士」のその後などについて調べたい気持ちが、ずっと続いているが果たせないでいる。

さて、作品社からシリーズで出されている「日本の名随筆88」の『石』（奈良本辰也編）は、石がテーマである。二九人の作品が収められている。その中で、私が一番好きなのが、久門正雄氏の『愛石志（抄）』であるが、これが収められている原本は『石の鑑賞』（理想社）である。

そして、『石の鑑賞』は、『石の発見』（宝雲舎）の増補改訂版であり、〝発見〟では前半に築庭と石に関する各論的な数編の作品をおいて、後半に総論的な愛石志が九〇頁分を占めている。

一方、〝鑑賞〟では、人と石の不思議な関わり、石を愛する道、庭石からの石の発見などが、全体的な視点で、文学的にまとめられている愛石志は冒頭に配置されており、愛石入門書としても〝発見〟より、手にとってわかりやすい。

『石の鑑賞』『石の発見』とも、古書店で探し当て、私の大切な座右の書となっている。愛石志を超えるような、石と人間の関係の奥深さについての総合的な文学作品が、書けるようになりたいものである。これからの大きな目標である。

最後に取り上げるのは、木内石亭（一七二四〜一八〇八）に関連した一冊の本である。生涯を懸けた奇石収集の熱情において、古今に彼以上の人物がいるだろうか。木内石亭については、幸いにも、斎藤忠氏によって、吉川弘文館から人物叢書として伝記が出版されている。

さて、一つは築地書館より出された、木内石亭の代表作『雲根志』の復刻で、訳注解説付きの画入り限定一五〇〇部の一冊である。

十数年前、出張で東京に行った時、神田神保町の明倫館書店のショーケースに置かれているものを見つけ、ただちに購入したことを昨日のように思い出す。

他の一冊は、同じころ、現在、毎日のように立ち寄っている松林堂書店（現在閉店）で、先代の店主からすすめられたもので、現代の石亭ともいうべき、益富壽之助氏の『石―昭和雲根志1―』（六月社）である。

自序の中で「雲根志が扱っているような奇石を紹介し、以って一般の人々の石への関心を高めんがために綴ったものである」と上梓の意図を語っている。

本書は、新書の変形版で、石亭小伝、石亭につながる三人とその遺品、第一編としての二七の奇石解説が内容となっており、「あとがき」で第二編、三編を予告しているが、私は未だ目にしていない。

ところで、昭和一一年、下郷共済会発行の『石之長者　木内石亭全集』（中川泉三編）を探し求め続けているが、未だ目的を達成できていない。いずれ、どこかの古書店での劇的な出会いがあることを楽しみにしている。


（次章に続く）

第八章　石と本（二）

前章『石と本（二）』の中で述べた、石に関連する新旧の本の収集意欲は衰えることなく、その後も、ずっと継続している。

どうして「石」の本が、これほどまでに私の心を惹きつけるのか、不思議だが、その理由については、機会を新たにして、様々な角度から深く掘り下げてみたい。ややオーバーな表現ではあるが、自分という人間存在の有り様にも大きく関わっているのではないだろうかとも思っている（第一章「石の黙示録」を参照願います）。

まずは、木内石亭全集『石之長者』（中川泉三編）であるが、第七章「石と本（一）」の最後は、以下のような文章で結んでいる。

「……ところで、昭和一一年、下郷共済会発行の『石之長者　木内石亭全集』（中川泉三編）を探し求め続けているが、未だ目的を達成できていない。いずれ、どこかの古書店での劇的な出会いがあることを楽しみにしている」

この言葉の通り、これまでいろいろな古書店で注意深く探し続けてきたが、見つけることができなかった。ところが、ある古書のインターネット検索注文が、きっかけとなって数年前から、隔月に送ってもらっている、東京神田の中野書店発行「日本の古本屋・在庫だより」(古本倶楽部)の平成一六年一一月号(一六一号)で書名を発見し、翌日、ためらうことなく朝一番に電話注文をした。これまでも幾度か、一寸の油断で、欲しい本の先を越されたことがあったので、朝が待ち遠しくてならなかった。値段は、四万七千余円と、いささか高価な買い物であったが、この時は、躊躇することはなかった。

毎度のことであるが、翌日には配達された。和綴じ形式の六巻本で、画は、折り畳み様式となっている、面に少しの傷があるだけの新品同然の書籍であった。大いに満足した。編者中川泉三氏のたいへんな研究上の御苦労が随所に偲ばれる見事な内容の本である。全巻の目次を紹介しておきたい。

石亭の著書

奇石産誌　石亭二一種珍蔵日録

化石の四説　石　笙

舎利之琲　龍骨排

鏃石伝記　天狗爪奇談

木内家に存する蔵石一部分の日録

第三巻（一三〇頁）

石亭の著書

雲根志前編

第四巻（一五〇頁）

石亭の考書

雲根志後編

第五巻（一三一頁）

石亭の著書

雲根志三編

第六巻（一三一頁）

石亭の交友と史料
稀壽と賀詞
大納言中山愛親卿寄詩
大納言芝山持豊卿祝歌
赤田臥牛翁賀詩
二木長嘯翁画賛祝詞
泉涌寺僧宏雲賀詩
紀九老筆米元章拝石之図
野村公蔓の木内石亭銘
諸国の交友
西遊寺鳳嶺と諸国集記
服部未石亭
飛騨高山の二木俊恭と石亭の書翰三七通
石山寺畔の奇石会
石亭茶道の懐中日記
木内氏略系図

石亭遺言状の一節

付録　肥田崇徳寺の蔵石

これから、時間をかけて、この全集などを十分に読み込み、木内石亭とは、いかなる人物であったのか、私なりの解釈を行ってみたいと思っている。

「十一歳という年齢のときから石を愛し、そのながい生涯を通して石に執心した。『石よりほかに楽しみなし』とみずから語り、晩年には、人がたずねてきても、石よりほかに話をすることを禁じさせ、その人を二日も三日も逗留させて、石を見せ、石の話のみをなした（『人物叢書　木内石亭』斉藤忠、吉川弘文館）」石亭は、さまざまな視点からの多様な石をあつめており、石と人との関係について考察する事例として、このうえない人物である。

さて、次は、『未知の人への返書』（内藤濯、中公文庫）の中に収められている「石を前にして」にまつわる話である。二〇〇〇年一〇月一四日、万歩書店にて購入と記載のあるこの文庫本は、古本として買った。

「サン・テグジュペリの微笑」の見出しの下に四編の作品、「暮らしの中の文学」として二二編、「忘れがたい人々」六編、「教えること教えられること」一〇編、「舞台風景から」二編、「石を前にして（七頁分）」とを含めて二編の「エクセ　ホモ」から成り立っている。

内藤濯（明治一六年熊本県に生まれ、昭和五二年九月死去）は、『サン・テグジュペリの微笑』の中の四編でも、詳しく経緯を述べているが、『星の王子さま』の名訳家として、よく名前が知られている。

まずは、「石を前にして」の冒頭部分をご覧いただきたい。

「旧一高での教え子で、越後の高田で日を送っているKという人がいる。べつに名を成そうという野心があるわけでもなく、石についての種々相を六〇いくつかの詩にして、それを一巻にまとめたのが私の手もとにある。

石のようになんの変哲もない真実を、石のようにやさしい言葉で、石のように名のない人たちのなかで、石のように声を出さずにうたいたかった。こんな小さなつまらぬ石でも、なれぬ手つきで掘りおこすにはすくなくとも二年はかかった、とKはいっている。

こういっているだけに、慰みに書かれた詩ではない。書かずにいられなくなって書かれた詩である。石に親しんだ詩というよりは、むしろ石と取り組んだ詩である」

このあと、四編の詩を紹介し、それぞれに触発されたような形で、感想を述べている。そして、「K」の、人間と自然をみる目の確かさをたたえている。

「Kの詩をめぐって、あれやこれやと考えると、石には、草木とはちがった特殊な生き方があるわけである。どんなに四季の移り変わりがあっても、身じろぎもせず、どこまでも、底なしの沈黙を守っているのが、石という石のありかたである。

だからといって、無表情であるかというと、けっしてそうではない。夜明けのしっとりとした空気の中では、それにふさわしい色つやを見せるし、日が暮れかかればまた、それにふさわしく、やわらかな輪郭をみせる。身についた姿かたちを大切に保ちつづけて、周囲の自然に順応する、これが石という石の宿命である」

「およそ日本の庭園なり泉水なりの飛石は、あらかじめ幾何学的に定められた方向にのっとって並ぶのではなくて、石の身についた自然が、しぜんに方向を定めるのである。世には気まかせということがある。無理をせずに、自然にまかすことがそれである。美しさをきわめた人間行為であるが、日本庭園の飛石は、つまるところ、やはり自然さが生んだ美しさで成り立っているのである。

飛石をならべたのは、むろん人間である。だが、この場合は、自然が人工を見えなくしているのである。あるいは、自然が人工を美しく生かしているのである。自然の生き方―ひいては石の生き方と、人間の自然の生き方との調和ということがもし考えられるなら、それこそ美しさの絶頂であろう」

私は、この作品に出会ってから、ずっと「K」なる人物が気になってしかたがなかった。また、六十余編からなる詩集にも、どうにかして出会いたかった。そして、越後の高田方面に行って、古書店めぐりをして探し求めたいとも、思い続けてきた。

それが、思いもかけず妻の死が、不思議な結縁となり、「K」氏判明へと導いてくれたのである。このことは、私としては、これから重く受け止めていかねばならないことと思っている。

『らぴす』一七号に掲載している「石に刻まれた妻（第一集『石と在る』（所収）」の中に、次のような一節がある。

「……墓碑に隣接して墓誌があり、あらかじめ祖父母と父母に並んで私たち夫婦の俗名と戒名を刻んでもらっておいた。二人の戒名は次の通りである。私のものには朱色の『良寛』の字が含まれており、いささか気恥ずかしい気持ちもするが、戒名に恥じないよう、後半生をより良く生きるよう心掛けていかねばならない。

賢徳院義道良寛居士

賢祥院浄芳妙津大姉」


私は、このことを、妻からの「良寛さんから人生を学んで下さい」との啓示と捉えていきたいと、想い定めている。そして、「良寛」に関する書物を、わが蔵書の一角に増やしていきたいと思って、少しずつ古本を中心として購入していきだした。

そのような中、二〇〇四年二月一五日、K氏が「北川省一氏」であることが明らかになったのである。それは、その日、岡山国際ホテルであった「院内感染研修会」に出席しての帰り、丸善の表町ギャラリーで開催中の「洋書・新本・文具等のバーゲンフェア」にたまたま入って、『永遠の人　良寛』（北川省一遺稿集　考古堂）に出会ったことによるのである。

その本の目次に目を通すと、

永遠の人　良寛
「帰らざる雁」と帰雁―乞食井月と良寛―
講演　人間の尊厳―その生きざま―
最終講演　良寛の心

随筆集　風の声（四七編の題名が載っている）
詩　妙
北川　省一　年譜
著書一覧

となっており、随筆の一編に「私の処女詩集『石ノ詩』」という題名があったので、頁をめくってみた。二頁に過ぎない作品で、その最後の部分に「……ちなみに『石ノ詩』については、サン・テグジュペリ作『星の王子さま』の訳者、故内藤濯先生が『未知の人への返書』（中央公論社）の中の『エクセ　ホモ（この人をみよ）』の章で、『石を前にして』と題して書いておられました」とあった。

さらに、「講演　人間の尊厳―その生きざま―」の終わり部分で、極めて感動的な師弟関係が話されているのである。やや長くなるが、ぜひとも紹介したい。

「……この歌をみて私は『ああーそうだったのか』と良寛の心がわかったと思った。その時から、良寛は〝わたしの良寛〟になった。一言一行が、人間を救うことがある。

一言一行が人間を救うということに関連するが、私は先日次のようなことに出会った。知り合いの新聞記者が来て『この本に、おまえのことが書いている』と。

その本というのは、私が一高時代にフランス語を教わった内藤濯先生が中央公論社から出版された『未知の人への返書』である。私は刊行されたことは知っていたので、さっそく取り寄せた。するとその最後の章に『エクセ　ホモ』（この人をみよ、というギリシャ語）という題のもとに『越後の高田にKというわたしの教え子がある……』という書き出しで、私が昔（昭和三六年）に出版した『石の詩集』について、六、七ページにわたって書いていてくれる。

私は学校を出てから四〇年、手紙一つさしあげず、どこで何をしているかわからない。ただ教室だけの先生としていた。その先生がたまたま私の詩集を見て、かつての教え子のことを書いてくれたことを知った。教室だけの先生でなく、一生の師父となっていてくれたことを知った。その師父に私が教え子の一人として選ばれたことを知った。本を通して先生に手を握ってもらった。この感激。一五〇〇年前の良寛にも手をにぎってもらい、その温かみ、悲しみ、喜びがわかる。遠い人、死んだ人、そういう人と心を通じることができる。そういうことがありうる。皆さんにもあってほしい」

北川省一氏（一九一一年、新潟県柏崎市に生まれ、一九九三年死去）は、帯カバーに「良寛になった北川省一」とあり、「一高、東大仏文科に学ぶが、プロレタリア運動に走り三年で中退。応召、中千島で二度の越冬を経て帰郷、農民運動・労働組合運動に奔走。高田市長に立候補など―、政治活動の後、貸本・回読会を業とする。誘われて会社の経営に参加するが倒産。家屋敷を差し押さえられ、受難の時代がつづく中、図書館で良寛と劇的な出会いをした。以後、良寛を善友、師父とした作家活動に専念。波乱の生涯を真剣に駆けぬけた感動の書」とある。

著書一覧によると、良寛に関する十数冊の著書があるようである。これから、少しずつこれらを手に入れて、読んでいきたい。また、北川省一遺稿集『永遠の人　良寛』と同じ出版社から、『版木本詩集　石ノ詩　詩書』（北川省一、刻字・関口八郎、版画・布施一喜雄、北川先生を囲む会）が出版されていることがわかったので、早速取り寄せた。

個々には、題名を持たない三九編の詩からなっていた。いずれも、石のさまざまな性質や姿に自分の人生を重ねてうたった、読む者の襟をたださせるような重い詩である。石から学ぶことができる奥の深さを感じさせてくれる。二詩だけ紹介しておきたい。

石はここに在る
石はどこにでも在る
石はこの日に在る

石はどの日にも在る
石はこの胸の上に在る
石冷えのひえびえと
わが胸の痛みに肌寄せ
落葉を打つ雨にも似てはらはらと泪を落す

石は値打をもたない
石の置かれた場所が石の値打ちだ
石立の妙だ
しかし石そのものが立派だと
石の在る場所が樞（かなめ）となって
あたりに値打ちをつける
そういう石でありたい
そういう石の詩でありたい

昭和三六年に出版された元本である『詩集　石の詩』（昭森社）には、六十余編の詩が収められているらしいが、いつの日にか、出会えることがあるだろうか。

さて、石に関わる詩歌に関連してであるが、第七章の「石と本（一）」の中で「……詩歌のなかの石のイメージは、特に貴重に感じ採録に努めている」と記している。ここで、手に入った時、特別な喜びが沸いてきた三冊の石の詩・歌集との出会いについて、簡単に書き留めておきたい。

一冊目は、『詩集　石をたずねる旅』（足立巻一、鉄道弘報社）である。足立氏の「母岩と破片」（『石の星座』足立巻一、編集工房ノア）で知ることとなった詩集である。次のような記載がある。

「草野（心平）さんの詩の壮大さには到底およびもつかないけれども、わたしも石を好むようになってかなり久しい。石の詩もかなり書いて、『石をたずねる旅』と題する詩集を出したのも、昭和三七年四月で、以来年々、石に近づくことが加速される」

県からの派遣で、岡山市保健所長から引き続き、できたばかりの倉敷市保健所長として、新設保健所の基礎づくりに行くこととなった平成一三年四月の二九日（日）、ある方の葬儀の帰りに立ち寄った万歩書店倉敷店（現在閉店）の詩歌集コーナーに、無雑作に重ねてあったものを偶然みつけた。その時は、心が躍った。極めて廉価であった。

後で知ったが、足立巻一には、土曜美術社の日本現代詩文庫の一五巻目として『足立巻一詩集』があり、「夕刊流星号」、「石をたずねる旅」、「バカらしい旅行」、「雑歌」などが収められている。石の詩は『石をたずねる旅』以外にも、幾編か散見される。

「母岩と破片」の終わり部分で、惹かれる理由を述べているので引用しておきたい。

「……でも、詩人（草野心平）が石においておもしろがった人間と自然との関連は、わたしの印象、あるいは手元にある石においても変わりがない。また、草野さんの、『地球創成期への郷愁みたいなもの』という悠遠な思いは薄いが、わたしの場合も人間の原初の心に惹かれていることも事実である。（中略）……とすれば、わたしが石に惹かれてきたことは、原初の哀感とでもいったものかもしれない」

足立巻一は、名作『やちまた』をはじめとした業績にとどまらず、その辿った経歴など、たいへん興味深い人物である。『発掘　司馬遼太郎』（山野博史、文藝春秋）の中には、記者クラブ時代以来の司馬遼太郎との交友が詳しく書かれている。

また、そこで紹介されている司馬の弔辞は、足立の誠実な人柄を彷彿とさせる。石好きの人が、このような人物評価をされていることがうれしい。「……足立ツャン（司馬氏はこう呼びます）は、自己のない人だった。人のことを考える人だった。だから足立ツャンと会っていると、自分も足立ツャンになりたいと思うようになり、そうしょうとする。しかし、やはり足立ツャンにはなれないことがあとでわかる。文学は自己を語るものだが、自己のない足立ツャンの作品が文学になりえたのは、己を無にし、昇華したところで書いたからだ」

司馬には、足立への追悼文（『虹滅の文学―足立巻一氏を悼む』〈産経新聞大阪版、一九八五年朝刊〉、『以下、無用のことながら』〈文藝春秋〉所収）があることを書き添えておきたい。足立と石との関わりについては、いつか、もっと深く考察してみたいと考えている。

二冊目は、『石と鳥』（片田貳六歌集）という本である。本には、平成一四年一月二二日、全国保健所長会に出席した時、大宮市のブックオフにて購入と記している。出会った時の、感動が、今でもはっきりと甦ってくる。

美しい画のついた、豪華な表紙を備えた見事な本（三七五頁）である。一頁に一首だけ載せている。序（太田青丘）に、著者は「明治四〇年、新潟県直江津市に生まれ、日本歯科医学専門学校（現日本歯大）で（太田）水穂に出合い、その埋論と歌風にひかれ昭和二年潮音に入社された歌歴久しい作家である」とある。しかし、ほとんど無名の歌人といっては失礼になるのであろうか。春日井市で歯科医院を開業していたようである。

石の歌は、「連作『石』」として、一〇首あるだけだが、皆、格調高くわかりやすい歌なので、紹介しておきたい。庭の、一つの大きな石の、季節季節における、いきいきとした存在感が、しっかりと伝わってくる。

このひろき宇宙のなかにおごそかに庭石ひとつあるごとく冬きぬ
冬の日によこたはりいる石ひとつ存在の意義を吾に示せる
心ふかくむかひてをれば冬の庭石ひとのごとくに近づくおぼゆ
昼寝よりさめて思えば冬の庭石すこし南へうごきしごとし
石一つ朝に夕にいささかのわたくし心あるをゆるさず
蒼空の下に大きくころがりて庭石一つ智慧を黙示す
石一つ座りて祭の庭ひろし掌を打ちて客の笑ひたる聲
どっかりと落葉のなかに石ひとつ一休居らぬ冬の日の晴れ
空のいろ石に幽かにうつるよと思ふたちまち時雨ふりすぐ
きよらかに紅の紅葉のはりつきて朝ぬれぬれの紫の石

三冊目は、『石百歌』（加藤克己、四季出版）である。「石之長者　木内石亭全集」と同様、中野書店の目録で見つけて注文し、平成一四年二月一三日、手に入れたものである。期待以上の素晴らしい本であった。渋い緑色の画と表紙で、表紙は、布で覆われている。正方形に近い型式なのも個性を感じさせる。

門下生などが中心となって編集した六百頁を超える『加藤克己研究』(短歌新聞社、『加藤克己研究』刊行委員会)の中にある論文「石の歌」(萩野須美子)に、八冊の歌集の中の、それぞれの石の歌の数が載っているので、それを併記しつつ、「石百歌」中の、石の歌の数を次に示す。

歌集「螺旋階段(二〇〜二二歳の作二四七首)」の九首から七首、「青の六月(一五〜三二歳の『螺旋階段』収載歌を除く作四三九首)昭和五二年」の七首(?)から九首、「エスプリの花(三一〜三七歳の作四〇六首)」一〇首中八首、「宇宙塵(三八〜四〇歳の作二七四首)」一九首中一六首、「球体(四〇〜四八歳の作三九五首)」二五首中二二首、「心庭晩夏(四九〜五七歳の作七四〇首)昭和四八年」五一首中四六首、「万象ゆれて(五七〜六二歳の作五〇六首)」一五首中五首、「石は抒情す(六二〜六六歳の作四七八首)」二〇首中一一首の計一五六首中一二四首が収められており、そのほとんどは活字体でなく、やや大きな書体で書かれている。そして、解説というか、作歌当時の感想を付している。

著者は、「まえがき」の中で、「私は、ひとから石の歌人、などといわれたことがなんどかある」といい、「石は私にとって私を表現するための媒体であったかもしれないし、石はたしかに無機物であって、同時に私の生命を宿した、いや、ときには生命そのものでさえあった、つまり有機物でさえあったのかもしれない」と述べている。

以下の、「加藤克己研究」中の歌集論「『石は抒情す』（苅部　雪江）」のある箇所が、このことをさらにわかりやすく解説してくれている。

「……克己作品を初期から辿って行くと石は多分に作者自身の魂であり、生存の一部であり、命の根源なのではなかろうか、という事に思い当たる。その石を投げ、蹴り、握り、転がし、砕き、時にその上に座し、様々にあやつりながら、石が啾き、笑い、怒るのを裡？深くみつめる。その対象は時折り石ころとなり、石階となり、石垣となり、石蓋となり、石像となる。そしてこれ等が青く翳りを帯びたり又は白い輝きを増し、己が心と深く呼応しながら抒情するのである。常に硬質の格調を伴っているのだが」

これほど、長期にわたって石と対面して、石の歌を作り続けていることに率直に敬意を表したい。改めて、石が秘めている底知れぬ人を惹き付ける力に驚いている。加藤の百首を大幅に超える多数の歌から、石のイメージがぐっと豊かになってきた。私が、石から離れられなくなっている理由の解明にも、大いに寄与してくれるものと信じている。

各歌集から一首ずつ以下に、紹介しておきたい。

凍道(いてみち)の涯ては黒色むっつりゆけばからまるごとく石ころがなく
（螺旋階段）

庭石にしむ夕光(ゆふかげ)あはし何事も起らずてけふのくれなむとすも
（青の六月）

石一つ叡知のごとくだまりたる雨のまっただなかにああ光るのみ
（エスプリの花）

石一つまるく小さく雪うけてこの世ともなきまどろみのごと
（宇宙塵）

空気の中石のありたるそれだけの石と空気の存在である
（球体）

石のもつ、形のいだく、ふかぶかと物存在の根源におう
（心庭晩夏）

石の啾くなんぞ風ふく河原みち最後があるはずないではないか
（万象ゆれて）

長き時ながき代ここに独りなる心あらしめて一つ石ある
（石は抒情す）

古本店巡りでしか、出会うことが難しい石の本には、その他に、『石ありて―写真と覚書と句と―』（福島万沙塔）、『石と語る旅』（山田啓介）の第一集と第二集、『いんよう石―みようと石の姿と土俗―』（伊藤堅吉）など入手時の思い出の尽きないものが少なくないが、最後にある科学的な分野の石の本との、古本店「一風堂書店（現在は閉店）」における出会いについてだけ、触れておきたい。

第七章「石と本（一）」の中にも登場している「一風堂書店」は、岡山市保健所を替わってからは、一〜二カ月に一度程度訪れることにしている。あまり広くない店は、半分は漫画本で、半分が実用書や大衆的な小説などの本で占められている。店の前に置かれた絵本が、全て一冊百円となっているので、孫たちのために大量に買って帰ることもあるが、なんといっても、この店の奥まった、ごく狭い一室が、何か秘密の場所めいて私は好きなので、だいたいの場合、直行する。片腕の不自由な、まだ若い店主の側を通って、非常に狭い入り口からはいっていく。先客がひとりでもいると、狭くて中に入ることは難しい。ここには郷土史関係の本や様々な学術書、豪華本などで、思いがけない本が、意外に安い値段で置かれている。

『石との対話』（沼野忠之）という五〇〇頁近い立派な本に出合ったのは、平成一三年一一月二〇日（三光荘での岡山県感染症対策委員会帰途）で、妻の突然の死の数日前である。大きな喜びの後に、悲しみの極みまで突き落とされたのである。人生、明日は何が起きるかわからないことを思い知らされた。

沼野忠之という名前は、面識はなかったが、以前から存じ上げていた。第四章「川原の石」で、取りあげている『岡山県地学のガイド』（コロナ社）の監修者の一人であり、また『原色図鑑　岡山の地学』（山陽新聞社）の解説者の一人であることを知っていた。岡山文庫92の『岡山の鉱物』（日本文教出版）の著者でもある。

「石との対話」は、平成九年三月二一日岡山大学教授を退官したときの岡山大学教育学部理科教室同窓会編による記念誌である。在職中の著書や随想、教育資材などが網羅されている。ふる里岡山の石と鉱物、地学をより良く知っていくための貴重な座右の書となった。

ところで、平成一五年一月二三日、結核対策協議会出席で岡山市に出向いた帰りに立ち寄った、古書店南天荘書店で『石との出合い　人とのであい』（沼野忠之先生御退官記念文集）」という本に出合った。沼野氏ゆかりの五四名の方々による感謝と思い出の文集である。どなたのものからも沼野氏の誠実で謙虚な教育者、そして研究者としての姿が伝わってくる。

沼野氏は平成一三年に秋に亡くなられたらしく、その後に収集されていた石（鉱物）のコレクションが倉敷市自然史博物館に寄贈されたのを記念して、展示会が平成一五年の春頃に開催されていたのを知り、見せていただいた。

また、平成一七年六月一五～二七日、岡山市の九善・表町ギャラリーで行われていた第六回岡山ゆかり展で、沼野氏が所蔵されていたと思われる地学教育関係資料二十数冊を目にし、買い求めたところである。生前の沼野氏にお目にかかり、石についてのいろいろなお話を直接うかがうことができていればよかったのに、悔やまれてならない。

まだ見ぬ「石の本」を探す、古本店巡りの旅は、これからも飽くことなく続いていくことと思っている。私の情熱を傾けられる、少ない生き甲斐となっている。退職後は、海外へも、足を運んでみたいものだ。

第九章　石に学ぶ

―「石の本」を探し求めて―

はじめに

私は、少し大仰に言えば「石に救われた」と思っている。新たな、「石」との最初の出会いがいつごろであったのか、確かな時期は思い出せないが、昭和五四年四月の人事異動で岡山県公衆衛生課長となって、しばらく経ったころではないかと思っている。振り返れば、そのころからの石との長い関係が続いている。

小児科医から転じて保健所医師となって、充実した九年を過ごしていたが予想もしてなかった事態となった。課長職は平成四年三月末までの、実に一三年間にも及んだ。やりがいは大いにあったものの極めてストレスの多いポストであった。そこで昼休みは、運動不足解消と心の癒しを求めて県庁周辺を散策することに努めていた。ある日、後楽園内の一角で開催されていた「水石展」に、物珍しさで偶々立ち寄ったのである。一つひとつの物言わぬ小さな石たちが、それぞれ山や滝や洞窟や海岸などの大自然を体現して堂々と存在していた。また、地味ではあるが、言いようのない美しさを感じた。不思議な静寂な世界であった。定かではないが私はそこらあたりから、石に惹かれるようになったのではないかと思っている。確かな理由は、自分にもわからない。

シュルレアリスムの旗手で詩人・小説家のアンドレ・ブルトンに『石の言語』（巌谷国士訳、書物の王国6『鉱物』国書刊行会）という作品があり、その中に次のような一節がある。

「石は、成人に達した人間の大多数をすこしも立ちどまらせずに、そのまま通りすぎさせてしまうわけだが、それでも万が一ひきとめられるような人がいると、もう、とらえられて放さなくなるのが常である」

私は、まさに、その通りになったのである。休日には、わが家の近くを流れている岡山県の三大河川の一つである高梁川の川原に時々行って、形の面白い石拾いを楽しみだした。子供時代に帰ったようでもあった。皆同じに見えていた石ころも、一つひとつ個性を持っている。『川原の石ころ図鑑』（渡辺一夫、ポプラ社）という石ころ写真の美しい本に出会ってからは、まだ、あまり年月が経っていない。参考になる本である。

また、「水石（すいせき）」のことについて知識を深めていくため、関連書を大好きな古書店巡りで探し求めるようになった。水石は、昭和三〇年代末から昭和四〇年の初頭にかけて、全国的に一大ブームを呼び起こしたことがあったらしいが、すでに、その熱気は失せていた。ただ、その時代に出版された数多くの本を相当数見つけることができた。それらによって、水石自体以外に、石一般についてのいろいろな知識が次第に増えていった。ところで、私が通常「石」と言う場合、小石も岩石も巌も、さらに鉱物や鉱石、宝石・貴石、化石、隕石などすべて含まったイメージである。

そして、もともと本好きであったため、石に関連して書いているものであれば、地質学をはじめ岩石学や鉱物学・金属学、宝石分野にとどまらず、エッセイ、宗教領域、文化史、考古学、民俗学、建築・造園学のほか写真集や絵本や詩歌、題名に石を含んだ小説など、どのような分野の本でも集めるようになって今日に至っている。

『らぴす』は、岡山市内のある古書店主（小野田潮氏）が主宰の同人誌的な雑誌（現在の代表は岡嶋隆司氏）で、年二回程度発行されていた。私が、その店（現在閉店）を何度か訪ね、石に関する本を購入するのを見て、『らぴす』とは石の意味で、誰でもどんな内容でも投稿できると執筆をすすめられた。私は、生来、筆不精であったが、不思議な縁と熱心な勧めで、最初に書いて載せていただいたのが第七章の「石と本（一）」であった。その後、年二回毎回、石をテーマとして投稿していたので一〇編がたまり、還暦を記念し二〇〇三年九月、私家本として石の随筆第一集『石と在る―石小卜観探求の一歩―』を出版した。

さて、蒐集していた本の中で、早い時期に、永平寺の泰禅老師九四歳の作といわれる『石徳五訓』に出会うことができたのも、石との関係が途切れず続いてきた一因ではないかと思っている。石に教えられることの大きさに気付いたのである。

一　奇形怪状無言にして能く言うものは石なり
二　沈着にして気精永く土中に埋れて大地の骨と成るものは石なり
三　雨に打たれ風にさらされ寒熱にたえて悠然動ぜざるは石なり
四　堅質にして大厦高楼の基礎たるの任務を果すものは石なり
五　黙々として山岳庭園などに趣きを添え人心を和らぐるは石なり

また、第一集『石と在る』所収の「『石想記』構想（第二章）」や『石と本（一）（第七章）』の中でも採りあげている、初期の蒐集本の一つで、最も大切にしている『石の鑑賞』（久門正雄、理想社）の中の、格調ある以下の文章なども強力な後押しをしてくれたのではないかと感謝している。

「石に蔵する秘密も大いなるかな。その生出天地と伴って永久不変、小は風塵とともにありながら、大は地殻として山嶽河海を載せて漏すことなく、万物を包蔵し一切生命の根浜となる」

「何にしても岩石は、釈名の『地は石を以て骨と為す』と言ふ通り、この大地の骨路であり地盤である。石の異名を地骨といひ山骨といひ、また山体といふのはその意である。石は乃ち天地の骨である。そして気がこれに寓るから雲根と云ったのは面白い」

石との関わりで、自分の存在の不思議・不安定さにも、少しは解明への展望と確かさが加わるとでも感じたのではなかろうか。この書については、その前身の『石の発見』（宝雲舎）も、古書店で手に入れることができた。

二人の『石との対話』

一人は、矢内原伊作で、もう一人は沼野忠之である。前者は人文科学的な、後者は自然科学的な石との対話を行った方である。石から学ぶ二つの方向である。

矢内原は、一九一八年生まれで法政大学教授を務め哲学者、評論家として活躍した。ジャコメッティとの親交が有名で彫刻のモデルにもなっている。ジャコメッティに関する著作も多い。彼の『石との対話』（文・矢内原伊作、写真・井上博道、淡交新社）は、産経新聞連載後に一冊にまとめられたものであり、具体的な個々の石の建築物や造形物に関しての思索が中心であるが、始めと終わり部分に総論的な石との対話の核心が明晰な論理展開で書き記されている。頁の半分を占める、対象をクローズアップでとらえた迫力あるモノクロ写真も印象的である。ごく一部を引用して紹介する。

「西欧人にとって、石は家をつくるための材料にすぎないが、石の家に住まぬ日本人は、それだけかえって石に特別の思いをよせ、石によってさまざまな感情を養ってきたのである」

「急流のなかに屹立している石、打ちよせる波浪に洗われる海岸の石、それらがわれわれに与える感銘は、抵抗するものの美しさである」

「石はそれぞれ独自の形、質感、量感、色肌をもちながら、いずれも風化に抗するきびしい抵抗の意志を示している。それはただちに、虚飾をこばみ、惰弱な俗念を拝し、人が自己の内面の奥底を見つめることを要求する厳しさである」

「石は、抵抗するものの姿であると同時に、それ自身においてやすらっている堅固なもの姿である。そこにはたたかうものの緊張があるとともに、たたかいに勝ったもののやすらぎがある。外からの圧迫に抵抗すること、そして自己にうちかつこと、この石の教訓には測りしれぬ深さがある」

「抵抗」というキーワードによる明快な石の存在論が展開されている。彼には、他の著書『歩きながら考える』（みすず書房）に「石の造形」、『古寺思索の旅』（時事通信社）に「石について」などがある。前者はごく短い文であるが、後者は一六ページにも及ぶ長いものである。彼の石の思想がよくわかる。

沼野は、一九三一年生まれで岡山大学教授を務め、地学研究と教育にあたった。彼の『石との対話』は、退官記念誌として岡山大学教育学部理科教室同窓会が編纂し贈呈したものである。この本との出会いについては第八章の『石と本（二）』の中で記している。五〇〇ページ近い書物である。発起人代表の序文の一部は以下の通りである。

「今日までの先生の御指導に対する感謝の念と私たちの今後の教育・研究の指針とするため、先生が石を仲立ちとして御執筆なされた論文、記録や解説・講話・随想などの中から一冊の本にまとめさせていただいたものです。

先生は、昭和二九年に岡山大学の第二期生として卒業され、昭和三四年に母校の教育学部へ教官として着任されました。以来、現在に至るまでの三七年間、教育・研究に専念され数多くの優秀なる人材を教育界に送り出されると共に、教育学部の発展に努めてこられました」

『石との対話』同様、時期は異なるが岡山市内のある古書店で手に入ったのが『石との出会い　人との出会い―沼野忠之先生御退官記念文集』という一二六ページの本である。このような本は、古書店に足繁く通ってないと出会えないものである。

五四名の方から寄稿された文章が収められている。その内の一人江田伸司氏（倉敷市自然史博物館学芸員）の文章の中の一節である。

「〝野にて石と語らい石を通して自然を見つめ人の在り方を考える〟沼野先生の視点を私はこのように考えている。（中略）科学的な方法をもって働きかければ、石から様々な事実を知ることができる。正に「もの言わぬ石に語らせる」だ。先生のお話は石のことに始まっても、いつの間にか、私の気付かないうちに自然のことになっている。このような見方があったのかと、驚かされたことが一度や二度ではない。お話はさらに人間の英知へ、時には人間に対する警鐘へと及ぶ。石に始まって、やがて人に行き着く。先生は究極のところ、人はどうあるべきかを、石を通して追求されているのではないだろうか」

それでは次に、沼野の文章を紹介する。『石との対話』に収められている「石が語る三億年の歴史―おかやまの自然―（『倉敷の自然』四二号）」の一節である「石との対話―石は地球の歴史の記録帳―」の見出しがある部分である。

「地球の歴史をひも解く鍵は石にある。石は地球の歴史の記録帳である。路傍の石にも生い立ちがあり、自然の中にはいろいろな生い立ちをもった地層や岩石が複雑にからみ合って存在する。（中略）私たちはその石から、からみ合ったもつれを解きほぐし、切れた糸をつなぎながら、その中に秘められた郷上の歴史、ひいては地球の歴史を一つの物語にまとめ上げ、一大ロマンを感じとることができるのである。そこには、古文書の解読にも似た趣がある。

そのためには、石から必要なデータを読み取るだけの観察眼と、〝現在は過去の鍵である〟と言われるように、現在見られる自然現象と照らし合わせながら、私たちの全く経験し得ない過去の自然を思い起こすことのできる思考力が必要である」

沼野は教え子たちに慕われた素晴らしい教育者だったようだ。残念なことに先年亡くなられたときいた。しかし、沼野から学んだ石の教えは弟子たちに伝わり広まっていっていることを信じたい。

私は、存命中にお会いできなかったが彼の残した著書を教冊持っており、時折愛読している。『岡山の鉱物』（岡山文庫92、日本文教出版）と、『岡山の岩石』（岡山文庫212、野瀬重人との共著、日本文教出版）と、『原色図鑑　岡山の地学』（三人の共著、山陽新聞社）などである。

石で自然の多様性の理解が深まる

動物や植物に、無数の種類があることは、成長とともに生々しく実感してきていたが、石の多様性については理科で習った地質学・岩石学で火成岩、堆積岩、変成岩などで括られるいくつかの石の名称を学んではきたが、目の前の石との関連性が希薄で、いかにもよそよそしく思われて、その豊饒さに無知なままであった。いろいろな種類の石も、すべてまとめて、ただの石であった。

しかし、水石の世界で、それぞれの石塊が、見事な個性を持って存在していることがわかった。質感、色、形等実に多彩である。水石の愛好は究極の趣味と言われることもある。その歴史については大著『日本愛石史』（丸島秀夫、石乃美社）に詳しい。ただ、水石として愛される石は、かなり限定されているのである。『水石―山水の詩情―』（村田圭司編、樹石社）の中の、「全国水石産地一〇〇選」は以下の如くである。

神居古潭石・金山石・空知川石・千軒石・誉平石・沙流川石・豊似石・襟裳石・津軽青石・三陸海岸石・馬淵川石・北上川石・緑青石・黒鳴石・羽黒川石・阿武隈川石・伊南川石・只見川石・好間川石・久慈川石・荒井川石・桐生石・渡良瀬川桜石・武尊石・南牧菊花石・三波石・秩父石・多摩川石・秋川石・相模川石・酒匂川石・釜無川石・富士川石・安倍川石・瀬戸の谷石・三倉石・天竜川石・日本アルプス石・宮川石・庄内川石・土岐石・菊花石・根尾川石・揖斐川石・粕川石・荒城川石・佐渡赤玉石・八海山石・仙見川石・姫川石・青海川石・能登銀石・能登有磯石・泉岳石・越前紋石・九頭竜川石・員弁川石・鎧石・那智黒石・姉川石・仰木石・愛知川石・瀬田川石・加茂川石（加茂七石）・宇治川石・丹波石・大江山石・大和吉野石・但馬金真黒石・古谷石・矢掛石・高梁川石・佐治川石・若桜三倉石・音部石・太田川石・砂谷石・己斐石・高根島石・華山石・北浦石・伊予青石・抹香石・勝浦梅林石・四万十川石・土佐菊花石・室戸鉄丸石・梅花石・玄海真黒石・千仏石・筑前真黒石・臼杵石・九十九石・対馬鎧石・天草真黒石・球磨川石

岡山県のものでは、矢掛石と高梁川石だけとなっている。三大河川の旭川、吉井川の石は、それらの支流の一部に有名な水石産地があるものの、本流の石は通常、注目を集めることは少ない。

ところで、古本を扱っている店では、思いがけないことにたびたび出会う。その一つが、高価な本が、ただ同然の値段で売られていることがあるのである。『原色　日本の石―産地と利用―』（企画編集・造園計画研究所、飯島亮・加藤榮一、撮影・藤沢健一、大和屋出版）という定価二万円の豪華本が五〇〇円で売られていたのである。全国の建築や土木・造園・墓石・石塔などに使われる石材の産地解説と、石のカラー写真が主体の見事な本である。都道府県毎の掲載数を以下に取り上げておきたい。水石の産地とは、一部で重なっているだけである。石という自然の多様さをまざまざと教えてくれる。実際には、これ以上の産地があるようだが、現在安価な外国産の石の輸入が増加して、太刀打ちできず切り出しを中止してしまったところが多いようである。

北海道（札幌軟石等一九種）、青森県（兼平石等三種）、岩手県（折壁みかげ等二種）、宮城県（鳴子石等四種）、秋田県（十和田石等三種）、山形県（高畠石等四種）、福島県（鮫川石等一四種）、茨城県（筑波石等一〇種）、栃木県（大谷石等二種）、群馬県（三波石等四種）、埼玉県（秩父青石等五種）、千葉県（房州石等二種）、東京都（抗火石1種）、神奈川県（本小松等五種）、新潟県（佐渡赤玉石等四種）、富山県（片貝みかげ等三種）、石川県（戸室石等四種）、福井県（笏谷石等二種）、山梨県（甲州みかげ等六種）、長野県（佐久石等四種）、岐阜県（木曽石等三種）、静岡県（六方石等六種）、愛知県（藤岡みかげ等六種）、三重県（伊勢青石等七種）、滋賀県（瀬田石等二種）、京都府（鞍馬石等七種）、大阪府（能勢みかげ等二種）、兵庫県（本みかげ等四種）、奈良県（生駒石等二種）、和歌山県（紀州青石等二種）、鳥取県（佐治石等三種）、島根県（来待石等四種）、岡山県（北木石、万成石、龍王石の三種）、広島県（倉橋島石等二種）、山口県（徳山みかげ等五種）、徳島県（阿波青石等三種）、香川県（庵治石等八石）、愛媛県（伊予青石等五種）、高知県（土佐油石等八種）、福岡県（八女石等五種）、佐賀県（唐津石等二種）、長崎県（大瀬戸石等四種）、熊本県（五木石等三種）、大分県（別府石等四種）、宮崎県（椎葉石等三種）、鹿児島県（大隅みかげ等三種）、沖縄県（琉球石灰岩一種）

岡山県の三種は、いずれも花崗岩（みかげ石）である。他にも、花崗岩は多いが、ひとつとして同じものはなく、産地ごとに色彩や緻密さ、言ってみれば成分が微妙に異なっているのである。ほかの石の種類についても同様である。その多様性は無限である。

石の多様性で、人を一番惹き付けているのは鉱物の世界であろう。熱烈な愛好者が相当数存在している。堀秀道氏の素晴らしい「楽しい鉱物図鑑」などかなりな数の関連書が一般書店でも入手可能である。人知を超えた鉱物の様々な姿をみていると、人間の芸術活動と比較して、どちらがより、人々に感動を与えるものだろうかと思ったりする。『トレジャー・ストーン』、『地球の鉱物』という、鉱物の実物が付属しているシリーズ物の刊行物には根強い人気があるという。私も、もちろん買い続け全巻揃えている。鉱物の世界については、今回でなく別の機会にいろいろと書いてみたい。なお、化石や隕石、磁石などには深い関心があるが、宝石や貴石、パワーストーンといわれる分野は、関係書は集めているが現在のところ比較的興味が低い。

石の在りように人生を視る

道という道が、すべて舗装されてきて、昔のようにはどこででも石ころに出会うということはなくなった。しかし、川原や海岸に行けば、まだ無限を実感できる石ころ宇宙を体感できる。海や川べりには大きな石もみられる。また、山に登れば石や岩はいっぱいである。

人の手が加わったものでは、枕木とともに鉄道線路を支えている小石をはじめ、お城や寺社、家屋などの基礎、塀、護岸、段々畑などの石垣や庭石も珍しいものではない。建築物の壁にも、石が利用されている。少ないが石橋や石畳みの道もある。街中を少し外れると、様々な石仏や石神が、あちこちに佇んでいる。色々な石塔や石碑も多い。石の鳥居や狛犬もある。

これらの石をモチーフとした詩歌を探しては、ノートに書き留めることを、ずっとしてきた。詩歌は、自然や人生についての、心の奥底からの情感を、短い言葉で端的に感動的に表現し、心情に訴えてくる。ただ、現代詩の多くは、使われる言葉が難解で、私には、特別な感情を呼び起こすようなイメージを喚起してくれなくて困っている。これは、私の語彙力の乏しさや想像力の無さ故と思ってはいる。しかし、石についての捉え方を、できるだけ豊かにしていくため、石の詩歌採集は必要であった。貴重な処世訓としても生かせ、大きな楽しみでもあった。

石の詩は、それほど多いものではない。むしろ珍しいといってもよいくらいである。しかし、長い間には、沢山の詩が見つかってきた。紹介したい詩は多いが、頁の都合もありごく一部にとどめたい。

まず、先に記した『石の鑑賞』の中の詩であるが、比較的短い詩と長詩の二編が収められている。二編は共に「旧者　掌上の石より」と注が入っていた。この『掌上の石』をインターネットで探して、県外出張の機会を捉え、著者の出身県である愛媛県立図書館でコピーさせてもらったのも懐かしい思い出である。

『掌上の石』
手ごろな石を拾うて
掌の上に、
じいつと支えてみる。
ほどよい重さが
静かに感じられる。
その石を
そろりと握り、
もそっと強く　握ってみる。
おそるべき硬さが

身にこたへる。

長詩の題は「石」であるが、非常に長いものなので、その内のごく一部を引用したい。

「石よ
死せるが如き石よ
それでいてそなたは生の極限の示現ではないか」
「石よ
そなたは真実に多様複雑な感情の持主ではないか」

石に対する畏敬の心が強く心に伝わってくる。

次は、すでに第八章「石と本（二）」で紹介しているが、北川省一（一九一一年、新潟県柏崎市生まれ）の詩集『石ノ詩』（昭森社）である。平成二一年三月末をもって三九年間勤務した岡山県職員としての勤めを定年で終えたので、四月と五月を休養・調整・充電の期間とし、様々な手続きや整理に加えて、亡妻が約一〇年前に心血を注いで新築した家の玄関横に、夫婦岩のように巨石二体を設置し、その奥に「勢津子地蔵」を安置したり、何度かの旅行に行ったりした。

旅行の一つとして良寛の故郷「出雲崎」に行ってきた。いつごろからか、人生の指針のひとつに良寛の生涯が入りこんできたので、関連書物を少しずつ古書店で集めていたが、未だ本腰を入れて読んできたわけではない。蒐集の中で、北川氏の多くの良寛研究書にも出会い、そこで著書に『石ノ詩』があることがわかった。この出会いには、私にとっての探求本との巡り合いの小さなドラマがあるのであるが、第八章「石と本（二）」でも書いているので、ここでは触れないことにする。

出雲崎に行く途中に柏崎市に立ち寄り、そこの市立図書館で『石ノ詩』があるか尋ねたところ、所有していた。コピーと書き写しを行った。六五編の、すべて石をモチーフとした詩集である。一番目（無題）と三番目と六五番（無題）の詩を紹介する。

（一）
石ナレバ
天ニ昇ッテ

星トナルヲ夢見
地ニ潜ッテ
宝玉トナルヲ夢見
石ナレバ
果テナキ夢ヲ
見果テヌママニ

(三)『路傍ノ石』

人間ノ　一番下手ナ　生キ方ヲ
碌々　トイフ
石ノ　生キ方ダ
石ハ　ソレホドニモ
愚カシク　能ナシダ
ソノ石ノ　生キ方ニ
ワタシハ　脱帽スル　小学生ノヨウニ

（六五）
石ヲ　見テ
酔イ
石ヲ　ウタッテ
酔イ
酔エバ
石ヲ　忘レテ
酔イ
石ヲ　忘レカネテ
酔イノ　ホロホロト

気高い志を持ちながら、いくつかの挫折を重ねてきた作者の挫けそうにもなるが、なお前に進もうとする心が全編に見てとれる。石を擬人化して自己に見たてたり、友としたり、目標に置いたりして、傷ついた心を奮い立たせようとしているように思えた。

次に取り上げるのは、「二度とない人生だから」、「念ずれば花ひらく」などの詩がよく知られている坂村真民（一九〇九年生まれ）で、厖大な詩作がなされている。大東出版社から、八巻の全詩集が出ている。他にも、数多くの詩集や随筆集がある。第二五回仏教伝道文化賞が送られているように、仏教詩人と言ってもおかしくないが、さらに、それを大きく超えた国民詩人であると讃える人が多いのではないだろうか。熊本県出身だが、三七歳から愛媛県にすみ、四国を詩国として、詩を作り続けてきた。詩は、すべてわかりやすい。私は、多くの人に、紹介するとともに自身の生きていくための糧にしている。他の詩人に比べれば「石」を対象にした詩が数多くあるが、ここでは短い詩を、一つだけ引用しておきたい。

『石の声』
しつかりしろ
しんみん
そうしろから
声をかけるのがいる
ふりむくと
何万年も

ひとところに
じっとしている
石だった

第二章の『「石想記」構想』の中でも採りあげているが『石に叱られて』（非売品）という一三〇ページの小さな本を、岡山市内のある古書店の百円コーナーで発見した時のうれしさは何物にも代えがたいものだった。古書店愛好者にしか味わえない醍醐味である。著者は土井歓照という住職（大阪府泉南郡岬町の宝樹寺）で、内容は「石との出会い」「石を語る」「石に想う」「石は語る」「石に詩う」「石さまざま」「法話編」などの各章の中に八〇編ばかりの散文詩のようなエッセイと詩が収まっている。すべて、石の在り様から人の在り方を詠っている。心底、石の好きな住職で、寺は石であふれ、化石寺とも称しているらしい。一度、行ってみたいとも思っている。短い詩を一編だけ紹介する。

『語る石』
永遠の生命の中に

能面より静かな表情をして
不変の石が変化を語り
　不動の石が動を語る

山尾三省（一九三八〜二〇〇一年）は、私には、その多数の著作によって特別の存在となった。私が遥かなる理想と仰ぐ老子や良寛の、現代的生き方にも思えたのである。純粋な生涯がまぶしい。最初に出会ったのが、それぞれの場で巡り合った、ありふれた石をモチーフにした『ジョーがくれた石―12の旅の物語―』（地湧社）であった。「石の本」を集めだして最初のころだった。
彼に、いくつかの石の詩があるが、中でも、「石」には深い生存の哲学が感じられる。一七行もあるので、最後の五行を次に示す。『三光鳥―暮らすことの讃歌―』（くだかけ社）及び、『アニミズムという希望―講演録・琉球大学の五日間―』（野草社）に収められている。

石は
終りのものではない

石は　はじまりのものである
石からはじまると
世界はもう崩れることがない

『本という不思議』（長田弘、みすず書房）の中で出会ったブラジルの詩人の石の詩『石にまなぶ』（ジョアオン・カブラル・ジ・メロ・ネト（ナヲエ・タケイ・ヅ・シルバ訳）は、少し長いが全てを以下に引用しておきたい。私が、これまで書いてきた全てと、それ以上の石から学ぶ奥義が詠われている。

石にまなぶ道のその一は、授業を通して。
石からまなぶためには、石に足しげくかようこと、
その静かな、私のない声をとらえること
（話し方の練習から石は授業を始めるのです）。
倫理学は、流れるもの、流れること、たわめられること
に対する石のひややかな抵抗、
詩学は、その手ごたえある物体としての存在、

経済学は、きっちり引きしまったそのあり方、
石の教え（外から内へ向かう、
沈黙の手引書）は、それを解読できる人のためのもの。
石にまなぶ道のその二は、荒野で
（内から外へむかう、教育以前のもの）。
荒野では、石は授業する術を知らず、
たとえ授業したとしても、何も教えないでしょう。
そこでは石からは何も習うことはありません。荒野では石は
自然のままの石で、魂をつらぬくのです。

ごく最近、古書店で見つけた次のエッセイと詩歌からなる本に非常に感動した。私も、ハンセン病の医療・医学・衛生行政の末端に連なった者として、患者さん方がたどった苦難の歴史を理解しているだけに心が痛むのである。
『生きる—あるハンセン病回復者の心の軌跡—』（浜口金造、新生出版）で、その中に石について触れた詩がある。浜口氏は大正一一年生まれで、昭和九年から療養所暮らしである。

『石』

昭和四十七年　石川県に里帰りした
家の前に車を止めてもらった
家には誰もいなかった
庭の菊の根元に石が半分埋められていた
その石を持ち帰った
その石を時々ながめ声をかける
石は黙っている
しかし相通じるものが私の胸に返ってくる
でこぼこの石だが
この石は
お父さん　お母さん　おばあちゃん　弟……
家族の皆を見てきた
家族の想いが入っている
いつか母が言っていた

あらゆるもの　木々も石も雑草も
物言わぬけれど静かに耳をすませば
確かに何か聞こえてくる、と
私はこの石を時々さすり
話し合うのがこよなく楽しみだ
この石によって
私は生き返った

最後に、かつての職場の同僚のご尊父（二宗吟平）の川柳である。子供ら一同でご両親の川柳・短歌・漢詩などを集めて作った『にりん草』（二宗吟平・貞子）の中に収められている。人生の機微を詠った句である。

「丸うなれまあるうなれと石の声」（平成三年三月、日本川柳協会賞）

川原で、丸石には自然に手が出ていく。手にするときは、いつも、その長い困難な過程を想像し、自分も角のない円満な心を備えるようにならねばと誓うのである。

引き続き取り上げてみたいテーマ

石をモチーフにした詩歌については、できるだけ多数の詩人・歌人を取り上げて、もっともっと多面的に分析して、人が石に託す想いを総合的に捉えてみたい気持ちがある。中島敦の『石とならまほしき夜の歌八首』の内の一首「石となれ石は怖れも苦しみも憤りもなけむはや石となれ」や、金子みすゞの「石ころ」、壺井繁治の「無言の石」、八木重吉の「石くれ」、北川冬彦の「石」、堀口大学の「石」、草野心平、足立巻一、伊藤桂一などの石の詩、武者小路実篤「真理先生」の中の石の詩、加藤克巳や山崎方代、幸田露伴などの短歌をはじめ、紹介したい石の詩歌がまだまだ多い。

その他、石から学んでいくテーマとしては「なぜ、人は石に惹かれるのか―木内石亭と宮澤賢治―」、「巨石巡礼で自分探し―石の謎・宗教の謎―」、「日本は〝木の国〟それとも〝石の国〟」、「道具としての石と人類」、「石を含む言葉・諺」、「石の語の題名のある小説」、「子供と石―遊びと絵本―」、「石の全体学の構築は可能か」、「風景としての石」、「石は芸術家」、「体の中の石」、「宇宙と石」、「人間―石を真似て作るもの―」、「民話・説話にみる石の世界」などいくつもの案が思い浮かんでくる。今後も、引き続き、石から教わる事柄を書き綴っていきたいと考えている。

第一〇章　磐座の本

はじめ

最近、「イワクラ（磐座）」・「巨石信仰」に関連した書籍が相次いで出版され、それらを紹介したい気持ちが強くなった。一冊目は、「イワクラ（磐座）学会」が発行した『イワクラハンドブック』、二冊目が、以前から注目すべきホームページ「岩石祭祀学提唱地」を続けていた吉川宗明氏の『岩石を信仰していた日本人―石神・磐座・磐境・奇岩・巨石と呼ばれるものの研究―』（遊タイム出版）、三冊目がフォトグラファーであり巨石ハンター、石の話りべでもある須田郡司氏による『世界石巡礼』（日本経済新聞社）、そして四冊目がアスペクト編集部の『巨石巡礼―見ておきたい日本の巨石22―』（アスペクト）である。

『世界石巡礼』と『巨石巡礼―見ておきたい日本の巨石22―』

三冊目の『世界石巡礼』と、四冊目の『巨石巡礼―見ておきたい日本の巨石22―』から紹介していきたい。六月（平成二三年）から、アウトドア用品を販売している全国九カ所のモンベルのサロンで順次開催されている、写真展「聖なる石と出会う旅」（岡山会場九月一〇日〜一〇月二日）の初日の、須田郡司氏による「石の語りべ―スライド&トーク―に参加した。世界石巡礼の報告会とも言える催しである。二〇名前後の出席者であった。以下は、写真展・語りべの会の案内文である。

「聖なる場所に魅かれ旅を続けてきた私が、最終的にたどり着いたものは石・巨石の世界でした。この十数年間、私は人と関わりのある石をテーマに撮影の旅をつづけています。古くから伝承や伝説を持つ巨石、奇岩や怪石などの景勝地、アニミズムを感じさせる原初的な石・巨石の世界に魅かれます。石を巡れば巡るほど、石は人間に対しある種の意思を持って存在しているのでは、などと思えてきます。これまで私は、日本石巡礼（二〇〇三〜二〇〇六年）と世界石巡礼（二〇〇九〜二〇一〇年）の活動を通して多くの巨石を巡ってきました。流浪する巡礼者の眼差しで、その場所に行き実際に見てみたい、これが私を石巡礼へと駆り立てた大きな理由でした。地球の記憶を訪ねる旅、石巡礼で分かったことは、実に豊かで多様な石物語が各地に点在しているということです。モンベルサロンでの写真展を通じ石の魅力に気づいていただければ幸いです。」

ジンバブエの宗教儀礼では、先祖の霊を降ろすためにも使われる、須田氏お気に入りの民俗楽器ムビラ（親指ピアノ）を始めと終わりに奏でて、迫力ある巨石の数々との出会いを美しい映像とともに印象的に語って下さった。東日本大震災後の磐座や、新しく移り住んでおられる滋賀の磐座の話もあった。

須田氏の世界石巡礼は、二〇〇九年四月二日の韓国釜山の海岸寺院に始まり、二〇一〇年四月二四日のニュージーランドのオアマルのマオリ、ロックアート、エレファント・ロックス、モエラキ、ボルダーまで、世界四二カ国一一五カ所を巡る〝世界は巨大な石のテーマパークであった〟との思いを深めた旅であったようだ。氏は、これからの活動を次の七点にまとめている。

①巨石と人との関係をカテゴライズして報告。
②全国で石の語りべ活動を展開。
③世界の石・巨石文化を各種メディアに紹介。
④日本の石・巨石文化との比較。
⑤ロック・ツアー（巨石ツアー）の企画。多くの人びとに石の魅力を伝える。
⑥日本と世界の巨石マップの作成。子供から大人まで、巨石文化に興味をもって

もらう。

⑦「世界の巨石パーク」の提言。

この度出版のコンパクトで美しい『世界石巡礼』は、「アジア」、「アフリカ・ヨーロッパ」、「北中米」、「南米」、「オセアニア」に大別して、以下のような、全部で七〇の項目立てで、惹きつけられる写真とそれぞれの魅力的な短い紀行文を組み合わせて構成している。

「巨石と瞑想する修行僧（月出山）」、「シャーマニズムが息づく奇岩の聖地（仁王山）」、「巨大な花崗岩の塊（テレルジ）」、「願いごとを何でも叶えてくれる石神（エージハド）」、「歴代皇帝が天と地の神を祀った岩山（泰山）」、「陽元石と陰元石（丹霞山）」、「カルスト地形の奇岩の森（石林）」、「巨大鍾乳洞の仏教聖地（香寺）」、「点在する謎の石壺（ジャール平原）」、「アンコール王朝発祥の山にある巨石（プノンクーレン）」、「巨石リゾートの島（タオ島とナンユアン島）」、「岩山に寄り添うヒンドゥー教寺院群（マドウライのヤーナマライ山とテイルパランクンドラム山）」、「ムルガン信仰の岩山寺院（バラニ）」、「大地から突き出た聖なる岩山（アイベルマライ）」、「奇岩のファンタジーランド（カッパドキア）」、「天国と神に最も近い聖マリア教会（アシェトン山）」、（中略）、「アボリジニの巨大波岩（ウェブロック）」、「世界最大級の磐座（オルガ山とエアーズロック）」と、「虹色の蛇の卵（デビルズマーブルズ）」、「マオリのロックアートと神秘なる石球（オアマル）」。なお、須田郡司氏のウェブサイトはぜひ開いて見ていただきたい。氏のこれまでの歩みと、撮りためておられた、驚くような巨石世界の映像を満喫できる。氏の巨石への熱愛の源泉について、いつか深く掘り下げて取材してみたいものだ。

『巨石巡礼―見ておきたい日本の巨石22―』は、日本全国の選りすぐりの巨石二二選の旅行ガイド的な本である。巨石世界へ誘う入門書として良くできている。次の二二カ所である。

「続石（岩手県遠野市）」、「羽黒岩（岩手県遠野市）」、「浄土松山きのこ岩（福島県郡山市）」、「岩角（福島県本宮市）」、「胎内石（岩手県花巻市）」、「大石神巨石群（青森県三戸郡）」、「石ヶ戸（青森県十和田市）」、「弁慶の七戻り（茨城県つくば市）」、「太刀割石（茨城県日立市）」、「名草巨石群（栃木県足利市）」、「大石山奇石群（山梨県山梨市）」「星ヶ見岩（岐阜県中津川市）」、「金山巨石群（岐阜県下呂市）」、「前立磐・後立磐・前伏磐・一刀岩（奈良県奈良市）」、「石罪台（奈良県明日香村）」、「鬼の差し上げ岩（岡山県総社市）」、「千光寺巨石群（広島県尾道市）」、「岩屋巨石（広島県尾道市）」、「弥山（広島市汁

日市市）」、「唐人石巨石群（高知県土佐清水市）」、「世田姫石神洋（佐賀県佐賀市）」「矢岳巨石群（熊本県上天草市）」。私の住む総社市からも一カ所選ばれている。それぞれの場所の、様々な角度からの大小の写真数点と、由緒やアクセスなどの簡潔な解説があり読みやすい。『巨石鑑賞の心構え』として①巨石が大切にされている理由を考えて、石に敬意を払うべし、②「胎内くぐり」など参加型の巨石にはぜひ参加すべし、③イメージが膨らむので看板に書かれた石の名前は必ずチェック、④山中の巨石が多いので、足場や落石には十分注意するべし、の四点が掲げられているのも親切である。

巨石・磐座を、さらに数多く知りたければ、須田郡司氏のウェブサイトとともに氏の著作である『ｖｏｉｃｅ　ｏｆ　ｓｔｏｎｅ―聖なる石に出会う旅―』（新紀元社）、『日本の巨石―イワクラの世界―』（PARADE）、『日本石巡礼』（日本経済新聞出版社）、『日本石紀行』（加藤禎一氏と共著、みみずく舎）をぜひご覧いただきたい。近々、祥伝社新書としても新著を出版予定と聞いている。

『岩石を信仰していた日本人』

二冊目の右記の本は、長年にわたって、著者がウェブサイト上で発表してきた研究成果を書物としてまとめたものである。磐座・巨石信仰分野で、これまでに例のない内容を備え、全五章から構成されている。第一章「岩石信仰とは」、第二章「先行研究」、第三章「岩石信仰の種類」、第四章「ケーススタディ」、第五章「小考察」である。磐座や巨石信仰だけでなく小石や砂も含め、岩石信仰として広く捉えようとしている。先行研究として、始まりを木内石亭の『雲根志』に置き、次いで本居宣長の古語解釈、そして明治末年から大正初期にかけて行われた「神籠石論争」、柳田国男の『石神問答』、折口信夫の『石に出で入るもの』、鳥居龍蔵の巨石遺跡フィールドワークとその派生調査、神社界からの参入として遠山正雄の「イハクラ」研究などを紹介した後、神道考古学の提唱者大場磐雄の『石神・磐座・磐境の定義』を重視しているが、これだけでは岩石信仰は網羅されていないとして研究を発展させたのである。民俗学・仏教学方面から追求した石上堅の『石の伝説』、野本寛一の『石の民俗』、『石と日本人』、大護八郎の大著『石神信仰』、五来重の『石の宗教』、中沢厚の『丸石神—庶民のなかに生きる神のかたち—』や広範なフィールドワークの成果としての藤本浩一の『磐座紀行』などを踏まえた、以下のような到達点と課題整理を行って、岩石信仰研究のスタートラインにしている。

一、巨岩から小石・砂までを視野に入れる概念として、「岩石信仰」、「岩石祭祀」

の語を用いる。

二、岩石祭祀の研究には、拡張した機能分類案が望ましい。

三、伝承や文献記録の存在、祭祀設備や考古学的痕跡の存在を盛り込んで初めて事例となりうる。

四、「神聖視されている岩石」、「祭祀に用いられている岩石」、「特別視されている岩石」と人々の認識に段階がある。

五、過去に収集・集成された事例リストの再検討が必要である。

拡張した分類であるが、まず「信仰対象」、「媒体」、「聖跡」、「痕跡」、「祭祀に至らなかったもの」の大きく五つの基本類型を設定する。「信仰対象」は、大場磐雄分類の石神に相当するが、霊・和・仏そのものの姿とされる岩石として広い意味を有している。「媒体」は、①信仰対象が宿る施設として「依代」、「台座」、「蔵・窟」と細分類し、大場の磐座に相当するとしている。②願いを叶える道具として、「信仰対象に願いを届ける転送装置」、「鎮め・清めの道具」、「奉献物」、「占い・まじないの道具」。③テリトリー表示施設として「神聖な空間や祭祀空間を示す岩石」、「禊祓の場」、「祭祀執行者が座ったり、神楽・歌舞を行ったりする場」、「奉献物や祭祀具を置くために設けられた岩石」、「修業場」

を細分類しているが、「神聖な空間や祭祀空間を示す岩石」が大場の磐境に相当するとし四つのタイプを列挙している。（イ）岩石を直線・曲線状に並べ、それを聖域と俗域の境とする列石タイプ、（ロ）多数の小石を敷いて床面にし、その敷石部分を聖域とする敷石タイプ、（ハ）自然・人工の岩穴などを用い、その内部を神聖な空間とする岩穴タイプ、（ニ）岩石を一個置き、その場所一帯が特別な場所だと認識させる単体設置タイプ、④装飾・付属・陪従。⑤祭祀遂行上必要な部品・利器・石材。「聖跡」は、「自然発生的に信じられたタイプ」、「意図的に聖跡を設置したタイプ」、「単なる聖跡から昇華して新たなご利益が生まれたタイプ」、「痕跡」は、「生産跡」や「廃棄跡」、「祭祀に至らなかったもの」は、「恐怖・忌避・敵対・蔑視」、「対等的つきあい」、「記念・記憶・鑑賞・目印」である。

この分類案の解説とケーススタディを読んでいけば、氏の考えをおぼろげながらも理解していくことができる。たいへんな研究努力とその成果に、ただ頭が下がる思いである。巻末に付表として、北海道と沖縄を除く都道府県の岩石祭祀事例集成表が載っているが、二一八七事例である。「筆者の情報収集作業も各都道府県において粗密があるため、本集成がそのまま岩石信仰の分布を忠実に反映するものではない」と断っているように、岡山県は六二事例が挙がっているにすぎない。佐藤光範氏の『磐座—古代祭祀跡　吉備の磐座―』に代表的な磐座だけで一〇一カ所が取り上げられており、三〇〇回を超える磐座巡りの例会で、毎回数カ所を探訪しているので、少なくとも数百カ所以上は岡山県内に存在しているのではないかと思われる。私は、いつのことになるかわからないが、「星と太陽の会」の探訪成果としての岡山県の岩石祭祀事例を集大成した本を作りたい夢を抱いている。もちろん、美しい写真入りである。佐藤氏にお願いしている。吉川氏の研究は、その時たいへん役に立ちそうである。

最後に、やや長くなるが吉川氏が「おわりに」に書いている一部を紹介して本項を終えたい。「なぜ筆者が岩石信仰というものに興味を持つようになったのか、その直接のきっかけさえも思いだせない。ただ、一つ述べるなら、岩石そのものだけではなく、それを取り巻いて多くの人たちの物語が渦巻いていること、そのような世界を自分があまりにも知らなかったこと、こんなに多くの岩石が語られてきたのに現代ではまったく表舞台に出てこないこと、そこまで現代人と昔の人たちの感覚は隔たっているのかということに愕然としたことは、筆者の中で大きな動機となっている。数十年過ぎただけで、道がなくなってしまい、歴史の証人が失われてしまった場所がある。その人の思いが消えてしまい、未来に残らなくなるというのは、とても悲しいことだと思う。これらを語り継がないといけないという、勝手な使命感も多少あったかもしれない。こうした気持ちが、ここまで時間を費やして調査を続けてきた原動力になっている」

「岩石信仰を追求すればするほど、はっきりしてきたのは『多様性』だった。これだけは、否定しきれなかった。人の数だけものの考え方があり、岩石一つとっても、それをどう見て、どう接するかは無限大に選択肢が広がっている。数多く事例を集めれば、もっと法則性が見つかったり壮大な結論に収斂したりするのではないかという見通しで始めたものだったが、そのように簡単に、人の頭の中は統一されていなかった。（中略）人によって反応はバラバラだ。このような、岩石と対峙することで生まれた膨大な思考を、本書では機能分類という形で、どうにか整理することができた。（中略）本書では、木や水などではなく、なぜ岩石を信仰したのかという根源的な問いに対する回答を用意できていない。岩石そのものが持つ魅力や、岩石が人にどんな影響を与えるのかという哲学的なアプローチも、今後さらに深めていく必要がある」

『イワクラハンドブック』

「イワクラ（磐座）学会」は、イワクラを世に広め、古代の民俗遺産であるという認識を得るために、さらには世界の共通語としていくための活動をする目的で、平成一六年五月に設立されている。「イワクラ（磐座）学会」の設立趣旨書は次のように記している。

単に「イワクラ」とカタカナ表記する場合、「人の意思の関わった、あるいは関わっていると目される岩石構造物」全般を指す物とする。例えば、遺構と目される大小の岩石、信仰の対象とされる磐座や、ランドマークとしての巨石、果ては仏舎利と見なされた小石などである。「磐座」と漢字表記した場合、国語辞書では「神の代り所としての岩石」を指す。『古事記』にもその名が見え、起源は古い。現在では神社の御神体となっていることが多いが、忘れられている磐座も多い。

学会活動としては、毎年、総会・サミット・フォーラム・ツアーなどが行われている。私は、全国の同好の方々ともお会いできることが楽しみで毎回、出かけている。さらに、読みごたえのある見事な会報が、これまでに二二号まで発行されており、学会誌として、このたびの『イワクラハンドブック』が第三号になり、第一号は二〇〇五年六月に『イワクラ―巨石の声を聞け―』、第二号は二〇〇八年五月の『古代巨石文明の謎に迫る』である。三冊の学会誌の目次を紹介しておきたい。まず、第一号である。

序文　イワクラ（磐座）学会誌発行に際し（平野貞夫）

Ⅰ、刻されたメッセージと太陽観測との関係（小林由来）
Ⅱ、「イワクラの道」発見？·そして、その後（奥谷和夫）
Ⅲ、祭祀遺跡と磐座（皆神隆）
Ⅳ、東三河のピラミッドとイワクラ群（前田豊）
Ⅴ、弁天島海底遺跡（平石知良）
Ⅵ、神野山と天空の星
むすびに　イワクラ研究は未来を開示する（会長　渡辺豊和）
編集後記（高橋政和）

次いで、第二号は以下の如くなっている。

序文「祈り」について—私たちは、原初的な祈りについて無関心でありすぎた—（平石知良）
Ⅰ、瀬戸内に浮かぶ巨石の王国
一、高島、白石島（高橋政和）

二、高島のイワクラ（薮田徳蔵）
三、巨石が語る常世への入り口（渡辺豊和）
Ⅱ、古代「朱」と巨石遺構の謎（柳原輝明）
Ⅲ、隼人の地、巨石で描かれた星図（谷口実智代）
Ⅳ、「飯の山」の秘密（岩田朱実）
　むすびに―イワクラの生命―（会長　渡辺豊和）

そして、第三号『イワクラハンドブック』であるが、次のような内容である。渡辺会長の、イワクラ学構築にかける壮大な夢が盛り込められた内容となっているが、私のように、今住んでいる土地の磐座に主としてこだわっている者にとっては、直ちには近づきがたいようにも思えた。しかし、人類は共通して、石・岩石・巨石に特別な感情と畏敬の気持ちを抱いてきているという考えが私の思想の根底にはあるので、編集の意図も理解できる範疇にはある。ただ、私としては、書中に簡単に紹介されている佐藤光範氏や先の吉川宗明氏の論稿があれば、もっと良かったのではないかと思っている。さらに鎌田東二氏や大和岩雄氏、著名な考古学者や古代史研究者の中の一人か二人の参加があればイワクラ学への視点が、一層広がり深まってくるのではないかとも感じた。

一、甲府盆地の高位線、二、古代の超科学、三、現代の超科学、四、超科学の復活

六章「天体とイワクラ」

一、天球を地上に写した古代人（柳原輝明）、二、霧島山麓の北斗七星（谷口実智代）

七章　アトランティス学の系譜（渡辺豊和）

九の小見出しから構成されている。

八章「科学の方法」

一、考古天文学の展開（渡辺豊和）、二、建築学（渡辺豊和）、三、歴史学（渡辺豊和、前田豊）、四、民俗学（渡辺豊和）五、庭園学（渡辺豊和）、六、暦学（小林由来）、七、測量学（柳原輝明）

あとがき

おわりに

岡山県職員となって地方公衆衛生行政医としての三九年間の勤めを終えて、老後の生

きがいとして、医学部卒業時の初心の一つであった精神医療の世界に入って三年間が経過し、現在、三年目修業を楽しく充実した気持ちで行っている。平成二一年四月と五月を休養調整期間として、色々の所に旅行もしたのであるが、その中にイギリス行きも計画した。最も大きな目的がストーンヘンジを見ることであった。しかし、ちょうど、メキシコから始まった新型インフルエンザがヨーロッパにも波及し出したために、やむなくキャンセルした。保健所で仕事をしていた者が、新型インフルエンザに罹ってしまうのが恥ずかしいような気持ちとなったのである。しかし、後から振り返ってみると、やや過剰な反応であった。折角のチャンスが消えてしまった。ところで、ヨーロッパの古代巨石文化は息をのむほどのすごさである。二〇〇六年六月に早川書房から出版している『巨石―イギリス・アイルランドの古代を歩く―』（山田英春写真・文）の見事な本、MEGALITHの文字をインターネットの検索の空欄に入れるだけで現れてくるヨーロッパの膨大な巨石世界のウェブサイト群には驚きを超えるものがある。

さて、私は、石・岩石・鉱物などについて書いている、または少しでも触れている、あらゆる分野の古本を集めるのが趣味で、古書店、古本祭り、インターネット（日本の古本屋など）、古書目録などを活用することが大きな楽しみになっている。旅の先々でも、その地の古書店には必ず出かけるようにしている。いつのことだったか、インターネットで検索中に『人生を解き明かす石を探し求める旅―あなたを甦らせるウェールズ・湖水地方・スコットランドの旅―』（M・スコット・ペック、山根玲子・山田晴雪共訳、リブロス）という本に出会い、早速注文し入手した。著者は、日本でもすでに何冊もの訳書が出ているハーバード大学で社会学関係の学部を出た後、コロンビア大学医学部を卒業した精神科医である。『平気でうそをつく人たち』（草思社）、『愛と心理療法』（創元社）、『窓ぎわのベッド』（世界文化社）、『死後の世界』（新潮社）などの著者である。『人生を解き明かす石を探し求める旅』の表紙カバーの見返しにある同書の紹介文の一部を引用しておきたい。

「夫人を伴って、二人がとり憑かれることになった古代巨石時代の石を探し求めて（中略）三週間の旅行記である。しかし、石の探索は同時に、人生の意義や神秘を求める探索であり、最終的に人生の旅そのものが解き明かされていく。三週間の旅で毎日彼は、人が否が応でも経験し通過しなければならないあらゆる問題を透徹した理性で考察する。読者は精神の冒険の旅を彼と伴にし、複雑さと神秘に満ちた人生の旅を知る。ペック博士が自らの恐怖や欠点に平然と立ち向かうとき、人生の旅の鮮烈さに心動かされ、彼の鋭い洞察力を介し、勇気づけられるのです」

一九九二年五月三一日ロンドン市内のパディントン駅を出発して、六月一九日エディンバラに至る日々の記録となっている。「理由」、「ロマンス」、「依存」、「神聖」、「変化」、「宗教」、「老い」、「親の立場」、「お金」、「死」、「巡礼」、「感謝」、「平和」、「冒険」、「思いやり」、「空間」、「時間」、「芸術」、「統合」、「絶望」、「結論」などの小見出しが日付と共に付けられている。「結論」では、「職務からの離脱」と「権力の問題」、そして「老い」など個人的な問題を父との関係の中で考察した後、巨石時代の巨石に寄せる人々の思いについて推測している。〈石はしばしば芸術として建造されたのです〉、〈石に対する情熱です。巨石を愛していた〉、〈巨石時代の偉大な記念建造物は、主として崇拝の場所として作られたのです〉、〈神の何かが石の中にあると考え、さらには神は、石そのものよりも偉大であるということもわかっていた〉、〈巨石時代の人々が、祖先そして太陽や月そして多産の神や女神を崇拝していたことを想像するのに何ら抵抗はありません〉などが書かれて、最後に次のような詩文の形で巨石時代の人々の考えを想像している。

石………
神………
栄光………

神様、
あなたは石です。
複雑に
かなり風化され、
丸い小石や玉石となり、
永遠にそしていたるところにいるのです。
あなたは私たちを取り囲んでいます。
あなたは私たちを奮い立たせてくれます。
あなたは私たちを楽しませてくれます。
あなたは私たちの子供であり祖先です。
あなたがいなければ、ただ死があるだけです。
私たちはどうすればあなたにお返しができるのでしょうか。
贈り物をさせて下さい。自分自身を褒め称えて下さい。
石。
私たちはそれらをあなたにお返しします。
環や列に、単独にそして一緒に、

作り上げた記念建造物や神殿を、
祭壇やメンヒルを。
私たちはそれらを高く掲げ
地上から答えているのは、
それらを立たせるのは、シグナルとして
人々のために、
思い出のシグナルとして、
私たちがあなたのために懸命に努力するのは
崇拝し
そして喜びを感じて、
アーメン。

同じ精神科医の道を歩み出したものとして、私もこれから、本書に触発されつつ、地元の磐座を深く掘り下げ、今共に住んでいる市民に、石の意味を考え直してもらえるような活動をしていきたいと、決意を新たにしているところである。

第一一章　石の夢

私には、「石」が宇宙と人間存在において、何か信じられないくらい大きな意味を持っているように思えてしかたがない。宝石とか、高価な水石や、石造物のような貴重とされる石のことではない。川原のただの石ころも含め、石全体のことである。

なぜに、またいつごろから、このように石を重要に思い、気になってしかたなくなったのかわからない。分業と人工化が極度な形で、急速に進んでいる複雑極まりない現代社会では、おおかたの人が、原形と全体と自然の象徴ともいえる「石」には、直接的な自分との関係を認めがたいのか、ほとんど関心を示さなくなってしまったように見受けられる。このことが、何か、人としての存在を危うくしていく兆しのように思えて、不安な気持ちが芽生えてくる。

これからでも遅くはない。「石」が、いかに人の進化、人間社会の発展のなかで、根源的な働きをしてきたかを思い起こし、今後とも未来永劫、人の社会の礎でありつづける「石」への、不思議の念、畏怖、敬意、感謝の気持ちなどを掘り起こして、常に意識の上にのぼらせて、節度ある関係を持つようにすべきではないだろうか。

人間の自我の肥大化、地球改造をも恐れぬ無謀などが、いつの日にか、人類に悲しい結末をもたらさないとはいいきれない。

シュルレアリスムの旗手で詩人・小説家のアンドレ・ブルトンに「石の言語」（巖谷國士訳、書物の王国六『鉱物』国書刊行会）という作品がある。その中の一節が怖いくらいに、今の私が浸りつつある状況を説明してくれているようにも思える。

「石は、成人に達した人間の大多数をすこしも立ちどまらせずに、そのまま通りすぎさせてしまうわけだが、それでも万が一ひきとめられるような人がいると、もう、とらえられて放さなくなるのが常である。石たちは、たがいに押しひしめきあっているすべての場所で、そうした人々を魅きつけ、いわば彼らを、とりみだした占星術師のようなものにしてしまうことをよろこぶ」

そして、その作品の最後で、石は生きていて言葉を持っているかのごとく述べている。「石たちは、とくに硬い石たちは、まともに耳をかたむけようとする人々に対して、語りかけつづける。聴く者ひとりひとりの尺度に応じて、石たちは言語を持つ。聴く者の知っていることを通して、石たちは、聴く者の知りたがっていることを教えてくれる。石たちのなかには、呼びあっているように見えるものもある。ふと近づいてみると、石どうしが語りあっているさまに出あうこともある」石が生きているという感覚は、文明の進んだほとんどの現代人にとっては無縁となってしまったが、時代を遡れば、あらゆる民族が、石に命があることを信じることなくして生活することはできなかった。

石は人間の進化の過程において、いくたびも根源的で決定的な役割を果たしてきており、また、今日にいたるまで、人間社会のあらゆる場面において、必要不可欠な要素となってきたからである。石との切っても切れない関係が、感謝、親しみ、驚異、畏敬、畏怖などとなり、人と同類あるいはそれ以上の命ある存在として、無数の生きている石の説話を残すことにつながっているのではないだろうか。

石上堅の『新・石の伝説』（集英社文庫）には、撫でられる石、抱かれる石、結婚する石、子を生む石、子を育てる石、泣き出す石、失恋した石、生まれ変わる石、血を吸う石、さ迷える石、火と水の石、妖気噴く石、踏まれた石、浮き漂う石、物ねだりの石、物を言う石、化粧する石、幸福をよぶ石などの見出しの下、わが国における数知れない位多数の生きている石の話を採録し、その由来を考察してある。

ただ、私は、かなり長い間、石に惹かれてはいるが、残念ながら、霊感あるいは想像力に乏しいのか、未だ石の声が聞こえる境地には至っていない。しかし、石の在る様々な姿から、宇宙の中のあるべき人間存在に関して、いろいろなことが学べないものかと思っている。

そして、生物が命を持ち、生きているのとは違った意味合いではあるが、ダイナミックに変貌し続ける宇宙は生きている、地球は生きている、という感覚を大事にしたいと思っている者である。また、その延長線で、宇宙や地球の派生物であると言ってもよい、身近な石ころも、生きて、命あるものに見ていきたいと考えている。

ここで、チェコの詩人イジー・ヴォルケル（一九〇〇〜一九二四）の『巡礼のひとりごと』（書物の王国六『鉱物』国書刊行会）を紹介しておきたい。

わたしは星が好きだ
道の上の石に似ているから
空をはだしで歩いたら
やはり星にけつまずくだろう
わたしは道の上の石が好きだ
星に似ているから
朝から晩までわたしの
行く先を照らしてくれる

星と石を類似したものとしてみていく想像力は珍しいことではない。地球が一つの大きな石であるとすれば、宇宙の星々も、ガス状のもののほか、石状のものが無数に存在し、いかなる果てに向かってか、無限の変化を遂げつつあるに違いない。身近な石ころに、宇宙の行く末が暗示されていないとはいえまい。果たして、生きている宇宙の、そして生きている石の意志はどこにあるのであろうか。

さて、これから本作品の表題である「石の夢」という、様々なイメージを沸き起こす、魅惑的表現について考えていきたい。

西条八十の「石」という詩の中にも、その言葉がみられるが、何と言っても、ボードレールの詩集『悪の華』に収められている「美」という詩の、最初の一行の中にあるものが有名である。

「石の眠は深くして　花落つれども　ただ　しずか
石の眠は昏くして　雨ぬらせども　ただ沈黙
摩りつおもふ　石の夢
ほのむらさきの土の底（以下略）西条八十」

「われは美し、人間よ、
石の夢さながらよ（堀口大学訳、新潮文庫）」

広島女学院大学教授の横山昭正という方が著書『石の夢―ボードレール・シュペルヴィエル・モーリヤック―』（渓水社）の「まえがき」の中で次のように書いておられる。「『石の夢』はおよそ二つの意味にとることができる。一つは、石が夢みる夢、である。たとえば、ミケランジェロのような彫刻家がカラーラの石切場で、求めていたより遥かに良質な大理石の塊りに出逢い、その無言の促しに導かれて、それまで夢想していなかったような理想美を彫り出すこともあるだろう。

もう一つは、「美」の第二節に現れるエジプトのスフィンクスやミロのヴィーナス像のように、石に刻まれた芸術家の夢、あるいは美のかたちである」

生きている石の夢は、本当の所は、このような狭い美の世界にとどまるようなものではないのではないだろうか。

このことについては、「石の夢」という二つの随筆の、核心ともいえる点を抽出してまとめた後で、最後に私が現在抱く「石の夢」のイメージとして述べたい。

二つの作品の一つは、渋澤龍彦のエッセイ集『胡桃の中の世界』（河出文庫版）所収一三篇の冒頭のものである。二つ目は、栗田勇の、それぞれがほぼ独立している九章からなる『石の寺』（写真・岩宮武二、淡交新社）の第一章にあたる作品である。

ところで、渋澤龍彦氏（以下「渋澤」と略す）と栗田勇氏（以下「栗田」と略す）には、経歴に大きな共通点がある。

渋澤は、昭和三年に東京に生まれ、東大仏文科卒業。一方、栗田は昭和四年に東京生まれで、同じく東大仏文科卒業である。ふたりが、ボードレールの『石の夢』に影響を受け、その意味するところを、新たな視点から拡大していることは間違いないであろう。

ここで、両氏の活動について、それぞれの、ある著書の表紙カバーの折り曲げ部分にある著者紹介を引用しておく。

渋澤の紹介文は「マルキ・ド・サドをはじめ数多くのフランス文学を翻訳・紹介。その他中世の悪魔学（デモノロジー）、美術評論、文芸評論、独自の幻想小説など、幅広いジャンルで活躍（『サド侯爵の生涯』中公文庫）」とあり、栗田は、「専門はフランス象徴主義の研究。ロートレアモンの個人全訳（本邦初）を皮切りに、詩・創作・評論活動を展開。西欧の目を踏まえた日本文化の第一人者（『雪月花の心』祥伝社）」と紹介されている。

さて、それぞれの「石の夢」の内容に入っていく前に、それが収められている本のことについて、すこし追加しておきたい。

まず、渋澤の『胡桃の中の世界』についてであるが、所収の一二編は最初「ミクロコスモス譜」として、昭和四八年一月から四九年一月まで雑誌『ユリイカ』に連載され、他の一編を加えて、昭和四九年一〇月に、青土社から単行本として出版された。

河出文庫版は、昭和五九年一〇月初版発行である。本書は渋澤自身、七〇年代以後の仕事の新しい出発点になった著作として重要視している。渋澤四〇歳代半ばの代表作である。

栗田の『石の寺』は、日本文化の本質、日本美の伝統を探し求めるための、「石」という視点から見た、京都の寺の紀行文的作品である。著者は「思想の肉化」、「心の遍歴」であったともいっている。一部を除いて、ほとんどがモノクロの迫力ある写真が頁のほぼ半分を占めている。二四の寺院が、いくつかずつ「石のおもみ」、「石の肌」、「石のかろみ」、「石の華」、「石の陰」、「石の光」、「石の艶」、「石の心」などのタイトルの下で紹介されている。昭和四〇年五月初版発行であり、栗田三〇歳代後半の作品である。

渋澤の『石の夢』は、石や鉱物についての文学作品世界では、たいへんに有名なエッセイであり、作品社から出ている『日本の名随筆88「石」』(奈良本辰也編)や、国書刊行会の書物の王国6『鉱物』などのアンソロジーに収録されている。しかも、後者では、巻頭を飾っている。

渋澤は、実際、「石」が好きであった。夫人の渋澤龍子氏が、「鉱物」を特集した『夜想』三三(ペヨトル工房)の中の短い文章「渋澤龍彦の好きだった石」で次のように書いている。

「渋澤は硬質な物が好きでした。……しかし、宝石や珍しい石をコレクションするという趣味はなく、散歩の途中、鎌倉の海岸で拾った、まるい孔が無数にある石とか、中近東を旅した折、……拾ってきた青く色づけされた煉瓦の破片や、さらさらといつもくずれ続けている砂の塊のような石が、飾り棚に無造作に置かれています。外国旅行の楽しみの一つに石屋を覗くことがありました。そしてすべすべした表面に、茶褐色の濃淡のあるイタリア中世都市の廃虚の様な模様の小さなトスカナ石を、旅の思い出に求めたのでした。(以下略)」

さて、渋澤の『石の夢』の内容であるが、まずは、古代から中世、そして現代にいたる「絵のある石」への関心と、その解釈の系譜についての詳細な記述から始まっている。

そして、「無意味な形象が夢の世界の扉をひらく。鏡の中におけるように、石の表面にイメージが浮かびあがる。ガストン・バシュラールが『大地と休息の夢想』の中で述べたように、〝存在のあらゆる胚が夢の胚となる〟のである」、そして「古来、人間が石に託してきた夢想のいかに大きく、いかに偏奇をきわめていたかということの一端が、これによって明らかになるだろう」などの考えが示されている。

次いで、木内石亭やC・G・ユングなどの名前をあげ、石を愛玩する精神について考察し、以下のように述べている。

「母胎と石棺とを同じイメージの二つの時間と解することによって、『安息の願望』と『死の願望』とを統一的に捉えようとするユング・バシュラール的な立場に、私としては賛同したいところである。大地に所属する石は、何よりもまず、源泉への回帰をあらわすシンボルなのではあるまいか。神や霊が石に具象化されるという例も、洋の東西を問わず、枚挙に遑がないほどだ」

最後は、鷲石や禹余糧、長崎の魚石など内部が中空になっている石についての、ヨーロッパや中国・日本の数々の言い伝えをあげて、「要するに、内部の豊かさのすべてが、それが凝縮されている内部の空間を無限に大きくするのだ。夢はそこに身を屈めて入りこみ、この上もなく逆説的な快楽と、言いようもない幸福に包まれて、大きく拡がるのである（『大地と休息の夢想』（バシュラール））」と結んでいる。

石の夢が、大きく拡がっていく理由が、すこしずつ理解できるようになっていく。

次いで、栗田の『石の夢』の内容であるが、京都の庭の、石の産地である洛北の貴船川、そして貴船神社を訪ね、「京に、さまざまの石庭をつくった日本の先人たちは、夏の川遊びに、秋の紅葉狩りに、これらの石を眺め、眺めつくして、夢を託したのである」というところから始めている。

そして、「古来、石の文化と称せられるものは多いが、日本人は、石を部分的素材としてばかりでなく、ある生物のような統一性のある有機物とみたようである。そこに日本だけの石の芸術の誕生があった。石を愛し石を眺めるということは、一見、枯淡にみえるけれど、じつは、ぎゃくに、石にさえ、情を移して生きるという、はげしい情念のドラマを演じることにほかならない」と、日本と日本人の精神の原点を指摘する。

また、「石は、もともと、まるで生き物のように、ある超自然的な世界からの便りとして人類にうけとられ、歴史のなかを生きてきたことに気づく」と書き、「今日にいたるまで用途がわからない石、なんらかの呪術や信仰の対象となっていた石が、世界中に存在しているという事実である」と考えを進める。

このことから、信仰生活を「宇宙や世界をどうイメージするかという世界観の問題」とした後、「石のひとつ、ひとつは、それぞれの性格をもつ神のすみかである。そしてさらに、それらの石全体が、神の世界をこの世につくっているのだ。しめなわを張られる神聖な地域は、たんに目にみえるところばかりではなく、その地を接点とする、目にみえぬ神の世界が連続してひろがっている。石はその入り口なのである。ある秩序をもった世界の一部なのだ。

したがって、ある法則にしたがって配置すれば、その関係から生まれる空間は、彼岸という理想的世界像を、いわば類比的・アナロジカルに、この世に出現させ得るだろう。それは、かならずしも、素朴な神々の信仰や、仏教教理の極楽ばかりではない。私たちを、真の世界に覚醒させてくれるはずの空間なのである」と、様々な石の配置構造物への解釈を提示する。

次の、締めくくりの文章を、これからも、ずっと石と対話し続けていこうと決意している、私の心を強く後押ししてくれるような想いで読んだ。石の心は、限り無く広く深い。

「私たちは石や石庭を芸術品として、自我の表現としてうけとるのではない。私たちをよびこみ、うけいれ、はげしくとかしてくれる世界の存在の確証としてそれをうけとる。その意味で、石のなかには、私たちの人生のすべてに匹敵する夢が生きているといっていいのだ」

次いで、私の「石の夢」に移っていく前に、宇佐見英治（「殺生石」を収めた『石を聴く』の著者）の自選随筆集について記しておきたい。

一九九四年一二月に、筑摩書房から二冊同時刊行された、一つが『石の夢』という表題で、他の一冊は『樹と詩人』となっている。

『石の夢』のなかには、前記『石を聴く』の中の作品（二〇作品中一〇作品）を中心に、以下の二三編が収められている。

「空と水と血」、「足音」、「石切場」、「毛越寺逍遥」、「一乗谷朝倉氏館遺蹟」、「石塔寺ほか」、「石を踏む」、「東山中の道」、「月夜の玄武洞」、「枯山水三庭」、「安土城址」、「青金幻想」、「考古陳列館で―縄文の幻想・一―」、「土と空間―縄文の幻想・二―」、「永遠の現在―縄文の幻想・三―」、「一億年の愛」、「雲と石―宮澤賢治のこと―」、「雪の夜」、「蘇洞門の海」、「青い洞窟」、「空林日乗―ヘルマン・ヘッセを憶う―」、「星宿石林」、「海の塚」

自然景観あるいは歴史的遺蹟や遺物、石切場、文芸作品と作者、石や鉱物そのものらに関する、「石」が備えた本性との関わりを通した、美しい詩的幻想に満ち満ちた表現の豊かな作品群であり、圧倒され、魅了される。石のイメージを、大きくふくらませてくれる得難い本である。

また、エピグラムとして、次の詩句が添えられていることを付記する。

われは美し、あわれ、人々よ、石の夢の如く

—ボードレール「美神」より—

いよいよ最後であるが、現時点における、私の「石の夢」について書き留めてみたい。いわゆる石（宇宙の要素とみなしたい）は生きている、石は人智では、理解の及ばぬ深いたくらみを抱いているのではないかとの想いがふくらんでくる。

生きて夢みているとすれば、私どもが体験してきているように、夢は逆夢とも、正夢ともいわれ、ひとたびイメージ化されたものは、いずれにおいてか、なんらかの形で、具体化されるものだというような感じがしてならない。

石（宇宙）は、人間の想像を超える夢のもとで、限り無い増殖を意図しているのでは

ないだろうか。生物時間とは、格段に違う、ゆったりとした経過であるが、多様な形で増え続けている。行き着く果ては、どのような世界を描いてあるのだろうか。知るすべはない。

荒涼たる静的世界か、混沌たる無秩序世界か、整然とした複雑高度な世界か、それとも全てにおいて満たされる豊かな理想郷か、また、想像を超えた暗黒世界が待っているかもわからない。あるいは、一転、無の世界へと反転するかもわからない。

ところで、石の科学では、岩石は「火成岩」、「堆積岩」、「変成岩」の三種類に大別される。そして、火成岩は深成岩、半深成岩（脈岩、浅所貫入岩）、噴出岩（火山岩）に、堆積岩は砕屑岩、化学的沈澱岩、生物学的沈澱岩に、変成岩は熱（接触）変成岩、広域変成岩、動力変成岩、衝撃変成岩に、さらに分類される（『検索入門　鉱物・岩石』豊遥秋・青木正博、保育社）。また、ここから、さらにさらに細かな無数の種類へと分類されていくのである。

これらは、岩石の成り立ちから分類されているのであるが、石の増殖の様式とみなせないこともない。なお、私が、「石」という場合、岩石とともに、「鉱物」を含めて考えているのである。

鉱物は、「天然に産する均質な固体物質で、ほぼ一定の化学組成と一定の原子配列を持つ」（『検索入門　鉱物・岩石』豊　遥秋・青木正博、保育社）ものであるが、岩石の生成と同様、火山活動、堆積作用、熱水活動などの天然のプロセスでできるものである。『たのしい鉱物と宝石の博学事典』（掘秀道編、日本実業出版社）から、岩石と鉱物生成に関する平易な解説を引用してみよう。

「地殻のマグマが、溶岩となって流出したり、火山を生成し、岩石となる。岩石は、地殻運動によってせりあがってきて地表に出て、風化作用によって侵食され運ばれる。そして、川に出て流水の働きでやがては海にたどりつき、堆積していく。海底に堆積してできた岩石は、また造山運動によってマグマとぶつかって変成岩になり、さらに溶けてまたマグマとなり、地表の奥へと還ってゆく。……。鉱物は、長い時間かけて、地球の中を巡ってゆく岩石の中で誕生する」

「地下の高温、圧力、火山運動、冷却、地殻運動、隆起、侵食・風化作用、流水の働き、堆積、マグマとの接触、変成作用、また溶融、地下へ……。鉱物は、そのあいまあいまに、偶然のように、残される。多種多様の鉱物は、いわば、地球が生きているあかしともいえよう」

「鉱物は、地球の単位であるともいえる。（中略）鉱物は、宇宙の単位ということもできるのである」

鉱物の種類は約三〇〇〇種台といわれ、元素鉱物、硫化鉱物、ハロゲン化鉱物、酸化鉱物、炭酸塩鉱物、硼酸塩鉱物、硫酸塩鉱物、燐酸塩鉱物、砒酸塩鉱物、（モリブデン、タングステン、バナジン、テルル、クロム）酸塩鉱物、珪酸塩鉱物などに分類される。掘秀道の二冊の『楽しい鉱物図鑑』（草思社）は、それは美しい見事な鉱物写真に満ちており、石の夢の一つでもあるに違いない、「石の花」を見ているような錯覚を覚える。人間の生み出す、小賢しい様々な作品群をはるかに超えているのではなかろうか。

さて、万物の根源である宇宙は、様々な石と星々を生じさせ続けることに加え、生物をうみ、ついに特異な人類を誕生させた。これは、私の妄想に近い考えであるが、人類の営みの全体が、石の増殖への協力加担ではないかと思えることがある。

石を加工したり、彫刻することはもとより、鉱石を製錬して様々な金属をとりだすこと、各種の合金を造り出すこと、さらには陶器づくり、レンガづくり、瓦やタイルづくり、ガラスづくり、コンクリートづくり、アスファルトづくりなどの疑似石製造といってもよいような営みは、生活を豊かにしてきた人類の知恵の産物であるしはいいながら、何か大きな見えない意図の中で指図されていないとは言い切れないのではなかろうか。

無自覚に、これまでの進化の道筋の延長にあってよいものだろうか。宇宙の神秘な摂理にはさからえないかもしれないが、いささか急ぎ過ぎているような気がして不安である。あるいは、人類が宇宙の意図に反して、無秩序に暴走していないとも言い切れない。石のなかの原子力までもとりだしてしまった人類は、今、すこし立ち止まって、見えない石（宇宙）の大きなたくらみがひそむ『石の夢』の分析を行ってみる必要があるのではないだろうか。そのためには、ひとりひとりが、石との対話を深めていくことが避けられない。

おわりに

―「石」、「日本」、「日本人」と私―

広く言われているのは、西洋各国は「石の国」で、日本は「木の国」であるということである。国土の多くが森林で占められているわが国では、古来、住居をはじめとして、あらゆる生活資材などに木材を多用してきたので、「木の国」であることは間違いない。しかし、日本は、西洋以上に「石」を多彩に活用している国でもある。世界有数の火山国である日本は、常時、噴火や地震などの災害の脅威にさらされている反面、多種多様な岩石や鉱物に恵まれてもいる。

矢内原伊作の『石との対話』（淡交新社）の「日本と西欧」の中の一節である。「……われわれにとって、石は決して無縁なものではなかった。西欧人にとって、石は家をつくるための材料にすぎないが、石の家に住まぬ日本人は、それだけかえって石に特別の思いをよせ、石によってさまざまな感情を養ってきたのである」

国歌である「君が代」は、深く考えれば不思議な歌である。多くの国の国歌が、威勢よく、力を鼓舞するような歌詞とメロディーであるのに対して、あくまで静かに、ゆったりと「石」の成り立ちと行く末を通じて、悠久な時の流れに想いを巡らせながら、国の平安を願っているのである。そして、最古の書物『古事記』の中では、神話として国の生い立ちを語る中で、「石」の語を持つ人や神の名が非常に多く出てき、また「石」にまつわる話も少なくない。

これまで、幾度も述べてきたが、私は、五〇歳半ばごろから、縁あって石と人との関係に関しての随筆を書くことを楽しみ・生きがいとして、これまで石の随筆集として五冊自費出版してきた。その第二集『石に学ぶ』の冒頭には、多くの石の詩を残して下さった仏教詩人であり国民詩人ともいえる坂村真民さんの、次のごく短い一編の石の詩を掲げさせていただいている。私の日々は、その詩の内容通りの生活となっている。家の改築と同時に、庭も新しく大石を中心にたくさんの石を据えた枯山水風なものとした。また、四〇年近く勤めた岡山県庁の退職記念として、門前に私的な磐座の意味も込めて、二体の巨石を夫婦岩として設置し、亡き妻を偲ぶ思いを込めて、その背後には妻の名をつけた石の地蔵を置いた。

石と語る
　石と暮らす
石と
　いのちを
交流する

ところが、子供のころに、見慣れていた石臼や砥石や硯なども使われなくなり、片隅にしまわれたり捨てられたりしている。路傍の石仏さえ、道路整備などで集められ目につかないところに追いやられていることが多い。狭い国土を有効に生かすため石垣を築いてこしらえた田畑が荒れ放題になっている。磐座をはじめ、古い記録に記されている色々な由来を持つ記念石が、開発の名のもとに、知らないうちに撤去されて行ってしまうことも珍しくない。岩や木をルーツとする神社さえ、全国各地で、祀る人々が無くなってきているらしい。我々の周囲から、日本の、精神性と宗教性、そして郷土の歴史を形作ってくれた由緒ある石が消えてきている。このように、長い時の流れの中で、人々の心が刻まれている多くの石をないがしろにしていては、少し大仰ではあるが、これは国歌「君が代」を持つ日本の危機ではないだろうか。どのようにしたら、この難局が救えるのであろうか。

かつて、田舎では一戸建ての家が普通で、その多くが庭を持ち、中心に大石が据えられていたものだ。しかし、近年、それらの旧家が取り壊され、また田畑が埋め立てられて次々に建てられていく新築家屋のほとんどの場合、「石」のある庭は備わっていず、家屋の周囲は駐車場のみになっていて殺風景なものである。家の重しというか中心が欠けたようでさびしい。心を癒す柱が失われているような感じもしてならない。庭石の原型は磐座にあるとも言われている。日本人の心情の根底にある、自然に対する畏敬の念、感謝の気持ち、そして祈りが不動の石に向けられてきていた。そのため、身近に置いていたのではないだろうか。

磐座は、日本文化の巨大な遺産であるはずなのに、今日、正当な評価がなされていない。磐座を世に出すというイワクラ学会の使命は貴重である。私は、四〇歳代初めに、「水石」に出会ってから石の世界から離れることができなくなり、約十数年前、ついに磐座に出会って、日本文化の根幹に触れた気持ちになっている。そして、先祖から住み続けている総社市を取り巻く山々には、ほとんどの場合、磐座が祀られていることを知った。長年月、郷土に磐座が存在することに関して無知だったのである。市民のほとんどは、未だに磐座を知らずに生活しているかと思うと、じっとしてはおられず、一〇人ばかりの有志で、年二回発行している総社の地域情報誌『然』に、市内の磐座を探訪しては紀行文を連載してきた。

昨年、これまでの三〇回分をまとめて傘寿記念に、石の随筆第五集『石を祀る～神々の里・総社のイワクラ（磐座）～』として自費出版したところである。

さて、最後に提案したいのが、国民一人一人が、自分の、そして各自の家に手ごろな石を持つ風習の定着である。私は、自分が何者なのかを探求する一環として、日本論や日本人論を読むことが好きで、以前から多くの関係書を手元に集めてきた。その中の一書である『「縮み」志向の日本人』（李御寧、講談社文庫）は、最も好きな本である。「縮み」という斬新な視点から、日本を好意的に捉えてくれている。そのプロローグとして『枕草子』の次の一文が載っている。

なにもなにも、ちひさきものはみなうつくしそして、自然にあらわれた「縮み」の文化として、1「綱」と「車輪」、2縮景—絵巻としての庭、3枯山水—美しき虜、4盆栽—精巧な室内楽、5いけ花—宇宙の花びら、6.床の間の神と市中隠、そして、人と社会にあらわれた「縮み」の文化としては、1四畳半の空間論、2達磨の瞼と正坐文化、3一期一会と寄合文化、4座の文化、5現代社会の花道、6「物」と取合せ文化、さらに、現代にあらわれた「縮み」の文化としては、1和魂のトランジスタ、2「縮み」の経営学、3ロボットとパチンコ、4「なるほど」と「メイビー」が挙がっている。一読を薦めたい。

また、第三章の「自分の石」の中で、詳しく紹介している『すべてのひとに石がひつよう』（バード・ベイラー著、ピーター・パーナル画、北山耕平訳、河出書房新社）という絵本は、ほかのどんなものを持っていても、友達の「石」を持っていない子供はかわいそう、ということから始まって、特別な石を見つける一〇のルールを教えるお話である。身近で、大きくない適当な大きさの気に入った石を拾って、自分の物とする話である。訳者の北山氏は、あとがきで、自分の石を持つと、「独りぼっちでもさびしくないこと」、「変化の時代には、なにが起こるかわかりません。どうか自分の石をみつけてください」、「自分の石を手にいれたとき、あなたは地球とひとつになるのです」と述べている。

そこで、勧めたいのがベランダにでも置ける、気に入った手ごろな石を、近くの川原などで見つけて自分の、わが家のミニ磐座とすることである。枯山水風にしてもよいのではないだろうか。もっとも良いのは、住む近くの山や神社に磐座を再発見して、健康づくりを兼ねて参拝するのが理想ではあるが、手元に石を置くことも必要である。石に特別な思いを抱いてきた日本人の心を大切に引き継いでいきたいものだ。

さて、平成二四年（西暦二〇一二年）は、『古事記』が和銅五年（七一二年）に編纂されて一三〇〇年に当たるということで、全国各地で多くの記念行事などが開催されたことは、いまだ記憶に新しいことである。また、関連の様々な書籍も、その前後の年に出版された。私もたくさんの本を購入したが、その一つに徳間書店から『神話がわかれば「日本人」がわかる──古事記は日本を強くする』（中西輝政、高森明勅）という題名の長い興味深い本もあった。わが国最古の文献『古事記』は、国民必読と言っても過言でないはずなのに、果たしてどこまで読まれているのであろうか。近年、読みやすい現代文になったものも、幾種類か出ており、多くの人にぜひ読んでいただきたい。日本、そして日本人の理解が深まっていくに違いない。

『古事記』の概要が要領よく簡単にまとまった一文を『校注　古事記』（丸山林平編、武蔵野書院）の「まえがき」から引用したい。

「古事記は、わが国における現存最古の文献である。この書には、われわれの遠い祖先の用いた日本語のすがたが、そのまま保存されている。また、神話や伝説や歌謡など、国文学の萌芽が、すこぶる多量に盛られている。更に、歴史や信仰や習俗などが、かなり詳しく収録されている。従って、『古事記』は、国語学・国文学・史学・民俗学その他、上代における諸問題研究の最も貴重な資料とされているものである。

ところで、『古事記』が太安万侶によって選録されたのは、奈良遷都の翌々年、和銅五年（七一二年）のことであって、まだそのころは、平がなも片かなも無かったから、『古事記』は漢字だけを用いてしるされている。しかも、その文体は、純粋の漢文ではなくて、たぶんに和臭を帯びたものであり、すこぶる読みにくいものであった。今日、われわれが見得る最古の写本は、吉野時代の末に成った『真福寺本』であるが、その写者僧賢瑜は実におびただしい誤写を犯している。その後、室町時代に入り、『寛永板本』その他が現れているが、これらもまた、誤字や誤訓の多いものであった。（中略）寛政一〇年

（一七九八）に至り、本居宣長の『古事記伝』四四巻が現れたのである。この書は、碩学宣長が三十数年の歳月を費して完成した大研究である。われわれは、この書の出現によって、初めて古事記の全貌を覗くことができるようになったのである。しかし、この大研究も、今日から見れば、文字や訓法などの誤りが決して少なくない。（以下略）」

最近、長部日出雄の『「古事記」の真実』を読んだ。初出は「諸君！」に二〇〇七年六月号から二〇〇八年五月号まで連載され、二〇〇八年八月に文春新書となったものである。二〇一五年五月には文春文庫となっている。本居宣長の『古事記伝』をはじめ多数の文献を駆使し、その上で文学者の想像力を十二分に働かせて読み応えのある独自の『古事記』論に仕上げている。これまでよりも深く面白く古事記の意義を知ることができた。

一二章で構成され、章題は「稗田阿礼は日本最初の女性作家」、「日本語の父は天武天皇」、「天武天皇の鑑は聖徳太子」、「楽劇としての古事記」、「森鴎外と津田左右吉の苦衷」、「高天原は高千穂峡」、「神代を伝える原郷」、「須佐之男命とは何者か」、「出雲大社の示すもの」、「天照大御神の誕生」、「古代が息づく伊勢神宮」、「われわれにとって『カミ』とは何か」である。

天武天皇が構想したストーリーを女性である稗田阿礼が、天皇没後も頭の中で十分に醗酵させたものを、太安万侶が短期間で筆録したと解釈している。次のような一節がある。

「天武天皇は、（聖徳）太子の憲法（一七条の）第二条とともに、『以和為貴』の第一条をも模範として仰いでいたと考えてよいであろう。近江朝にたいする挙兵は、確かに『以和為貴』に背くこと甚だしいが、しかし、壬申の乱とはつまるところ、唐風と国風の戦いであって、もし唐風一辺倒の近江朝が勝って継続していれば、和語と漢字を結びつけて日本語を再創造した『古事記』も、人間と天地自然を一体にものとして歌う『万葉集』も世に現れておらず、天智天皇は儒教を重んじていたから、仏教がこれほどまで国中に浸透していたかどうかも解らない。和語と漢字の見事な融合。神社と仏寺、神と仏の和かな共存。かつてひとつの家のなかにあった神棚と仏壇。世界に類のないこの二元の構造こそは、わが国の文化の最大の特徴である。壬申の乱が、『日本』という国家の原型を生み出すもとになった……というのは、そういう意味なのである」

この書では、明治維新以降、『古事記』の内容を神話でなくすべて事実として国民に歴史教育してきた誤りを、『神代史の新しい研究』（二松堂書店）や『古事記及び日本書紀の新研究』（洛陽堂）などで勇気を持ってただそうとした津田左右吉を高く評価し取り上げている。長部は、稗田阿礼の女性の件や高千穂の所在などで津田と異論もあるようだが、戦後、津田が天皇制を早くから重視してきた点にも敬意を抱いている。

ところで、津田に関連して、二〇一五年五月死去した、私の好きな詩人長田弘の最後のエッセイ集ともいうべき『本に語らせよ』（幻戯書房、二〇一五年）の中に、「石を抱く」という題の三頁ばかりの一文がある。その前半と最後の数行を紹介したい。

「明治のはじめの幼いころの誕生日の祝いについて、津田左右吉が書きのこしている。子どものときの思い出。もとは武士だった津田の家では、五節句などの年中行事を祝うことがなかった。ただ誕生日だけはべつで、誕生日の祝いには『うぶの神さま』へのお供えとして、赤飯と神酒と鰹ぶしを厚く大きく削ったのを二切れ、『おさんぼう』に載せて、床の間に置き、それに小さな石を一つ添えたのだそうだ。

その小さな石は、生まれたときに家のまわりのどこかから拾ってくるもので、誕生日の祝いには、一生それを用いるのだ。家をでて東京で暮らすようになってからも、母親が郷里にいたあいだは、誕生日にはずっとおなじ祝い膳で『かげ膳』を据えてくれたらしい。そのときまでは、石も『うぶの神さま』のお供えに添えてあった。お供えなどしなくなったいまでも、その石はおそらくどこかにしまってあるだろう。

お供えに石を添えるというのが何の意味かは知らない、という。しかし、思想史家としての津田左右吉にはいつのときも、この世に一個の石を置くという生きかたが、胸にあったのにちがいない。津田左右吉は思想というものを、つねに「人の生活に親しいもの』として考えた。生活の基調、生活の気分に働きかける『生活の力』ということを言い、文化は生活の内容をなすもので、生活そのものであるとした」

「生まれたとき、自分の人生に、一個の小さな石をもらう。どこにでもある石を、その人のでなければならない一個の石として持つことが、この世に生まれることだとすれば、死ぬことは、その人のでなければならない一個の石を、この世に遺すことだろう。この世に一個の石も遺さず死んだ男がいた。その妻の言葉を、津田左右吉のいう、人をどこまでも人として見る、ほんとうに人を尊重する態度として覚えている。『オラア、川の石コ抱いてねれば、夫の夢コ見るという話きいて、十年もつづけたったモ。今ア年とったから止めたども（……）』」（『あの人は帰ってこなかった』菊池敬一、大牟羅良編）

さて、最後であるが、『古事記と岩石崇拝〜「磐座論」のこころみ〜』（池田清隆、角川学芸出版、二〇一二年）という本を紹介して終わりとしたい。この書では、前記した「最古の書物『古事記』の中では、神話として国の生い立ちを語る中で、『石』の語を持つ人や神の名が非常に多く出てき、また『石』にまつわる話も少なくない」という点を、具体的に日本の風土と関連付けて、現地探索を重ねながら考察しているのである。その熱意に脱帽する。なお、著者は、かつて『神々の気這い〜磐座聖地巡拝〜』（早稲田出版）という、全国二三カ所の磐座についての巡拝紀行の本を出している。

『古事記と岩石崇拝〜「磐座論」のこころみ〜』は、約三六〇頁のボリュームがあり、序章「ヤマト王権の信仰源流」、第1章「『古事記』の揺籃」、第二章「『古事記』周遊・岩石崇拝への旅」，終章「『古事記』以後」から成り、一章、二章には、それぞれ多数の見出しをつけて書き進めている。一章の見出しは以下の如くである。「自然の中に『カミ』をみる」、「すべては天武天皇から始まった」、「ミムロドノ（御窟殿）の存在」、「出雲国造と古伝新嘗祭」、「稗田阿礼と太安万侶」。二章は「オノゴロ島の世界観」、「国生みと神生み」、「黄泉国という『国』」、「天の石屋戸籠り」、「オオクニヌシの登場」、「天孫降臨」、「神武東征」、「聖地・磐余」、「御諸山の磐座祭祀」である。

序章の中にある、次の部分が、この書の論述の原点ともいえる箇所である。

「『古事記』は歴史書であると同時に宗教の書、信仰の書だといわれる。神道の基本原理、聖典にあたるものだという見方もある。磐座信仰は、仏教や道教が伝来する遥か以前から信仰されてきた自然崇拝のひとつであり、日本の『固有信仰』ともいえるものだ」

「磐座にかんする書物を調べ、『記・紀』や『延喜式祝詞』『風土記』などにふれるうち、『古事記』の深層を流れている思想、つまりヤマト王権の信仰源流は稲作農耕以前にさかのぼり、自然崇拝を基盤とする『岩石崇拝』ではないかと考えるようになった。オノゴロ島の誕生、イザナミの死とイザナギの黄泉国訪問、アマテラスの石屋戸籠り、オオクニヌシの壮大な存在感、ホノニニギの天孫降臨、神武東征といった『古事記』の核心と思われる部分にさりげなく顔をのぞかせ、しかもしっかりとその存在を訴えているように思える。よく考えると、ある意図をもって表現されているのではないかと思われるような箇所が随所にでてくる」

私も、今後、磐座巡礼を重ねながら、『古事記』を徹底して読み込み「日本」と「日本人」の真実に、できる限り迫ってみたいと思っている。遠い日のいつか、「日本」モデルが、世界標準になる日がやってくるかもしれないことを夢見ながら。（以上、石の随筆第三集『石で変る』所収の一文を一部改変したものである）

これまでの「石の随筆集(一〜五)」目次

石の随筆第一集『石と在る　ー石小止観探究の一歩ー』
〔平成15年9月、「還暦」記念〕

石の随筆第二集『石に学ぶ　ー一隅を照らす「石」との出会い—』
〔平成25年5月、「古希」記念〕

石の随筆第三集『石で変る　ー石曼荼羅の宇宙で遊ぶ—』　〔平成28年11月〕

6章．宮崎県日向市・高千穂町のイワクラ巡り～巨石巡礼記（四）～

（初出：『イワクラ［磐座］学会会報』26号、2012年12月）

（初出：『らぴす』29号、2012年12月）

7章．イワクラサミット in 近江八幡～巨石巡礼記（五）～

（初出：『イワクラ［磐座］学会会報』29号、2013年12月）

8章．古代日本巨石文明成熟の地か？　～麻佐岐神社・石畳神社磐座幻想～

（初出：『古代の先進地域・秦の歴史遺産から見えてくるもの』秦歴史遺産保存協議会・2015年1月）

9章．総社市の鸚鵡石　（初出：『然』23号、2013年10月）

10章．石で変る人生～磐座と私～　（初出：『イワクラ［磐座］学会会報』31号、2014年8月）

石の随筆第四集『石を尋ねる　ー石に聴く　石は黙ったまま教えに延永忠美）ー』
〔令和4年1月、「喜寿」記念〕

1章．石の黙示録　書き下ろし
2章．佐渡旅情　～良寛さん、そして「石・鉱物」を中心に～
（初出：『らぴす』39号、2019年3月）
3章．八丈島旅情　～『石』、そして流人・宇喜多秀家を中心に～
（初出：『らぴす』38号、2018年8月）
4章．全国『イワクラ』地名探検記（1）～山口県山口市阿知須の岩倉～
（初出：イワクラ〔磐座〕学会会報』40号、2017年8月）
5章．全国『イワクラ』地名探検記（2）～京都府左京区の岩倉～
（初出：イワクラ〔磐座〕学会会報』42号、2018年4月）
6章．相馬御風と石　（初出：『あとらす』36号、2017年7月）
7章．三尾三省と石　（初出：『あとらす』37号、2018年1月）
8章．「イワクラサミット in 東京」紀行　（初出:『イワクラ〔磐座〕学会会報』44号、2018年12月）
9章．「イワクラサミット in 宮城」紀行　（初出:『イワクラ〔磐座〕学会会報』47号、2019年12月）
10章．イワクラ学会員として15年目～原点回顧～」
（初出:『イワクラ〔磐座〕学会会報』50号、2020年12月）

石の随筆第五集『石を祀る―神々の里・総社のイワクラ（磐座）―』
〔令和5年9月、「傘寿」記念〕

1章．総社のイワクラ（磐座）　（『然』2007年秋・11号、2007年10月）
2章．正木山の磐座（上）　（初出：『然』12号、2008年4月15日）
3章．正木山の磐座（下）　（初出：『然』21号、2012年10月）
4章．石畳神社の磐座　（初出：『然』13号、2008年10月）
5章．伊与部山の磐座　（初出：『然』14号、2009年4月）
6章．木村山の磐座　（初出：『然』15号、2009年10月）

７章．新本の石鎚神社（春山）磐座　（初出：『然』16号、2010年４月）
８章．秋葉山の磐座　（初出：『然』17号、2010年10月）
９章．大石に囲まれ守られている総社　（初出：『然』18号、2011年４月）
10章．稲荷山の磐座（上）　（初出：『然』19号、2011年10月）
11章．稲荷山の磐座（下）　（初出：『然』26号、2015年４月）
12章．三輪山の磐座　（初出：『然』20号、2012年４月）
13章．宿（山手）の磐座祭祀　（初出：『然』22号、2013年４月）
14章．福山の磐座（上）　（初出：『然』224号、2014年４月）
15章．福山の磐座（中）　（初出：『然』227号、2015年10月）
16章．福山の磐座（下）　（初出：『然』228号、2016年４月）
17章．総社宮の古代祭祀遺跡　（初出：『然』225号、2014年10月）
18章．日羽の磐座　（初出：『然』29号、2016年10月）
19章．高滝山の磐座　（初出：『然』30号、2017年４月）
20章．長良山の磐座　（初出：『然』31号、2017年10月）
21章．庚申山の磐座（上）　（初出：『然』32号、2018年４月）
22章．庚申山の磐座（中）　（初出：『然』33号、2018年10月）
23章．庚申山の磐座（下）　（初出：『然』35号、2019年10月）
24章．豪渓の磐座　（初出：『然』34号、2019年４月）
25章．総社市の鸚鵡石　（初出：『然』23号、2103年10月）
26章．犬墓山の磐座　（初出：『然』36号、2020年４月）
27章．鬼ノ城の磐座　（初出：『然』37号、2020年10月）
28章．岩屋の磐座（上）　（初出：『然』38号、20121年４月）
29章．岩屋の磐座（下）　（初出：『然』39号、2021年10月）
30章．桃太郎伝説と磐座　（初出：『然』40号、2022年４月）

著者略歴

高木寛治（たかき　かんじ）

昭和18年（1943）５月28日に生まれる。常盤小学校・総社西中学校を経て、昭和37年（1962）３月総社高等学校卒業。昭和43年（1968）３月山口大学医学部卒業。岡山大学小児科医局に入局し、小児科医師としての臨床修練を積む。昭和45年５月岡山県職員となり岡山保健所勤務。昭和49年４月勝央保健所長、昭和54年４月岡山県公衆衛生課長、平成４年４月岡山県倉敷環境保健所長、平成９年４月岡山県からの派遣で岡山市中央保健所長（翌平成10年、保健所統合があり同山市保健所長となる）、平成13年４月新設の倉敷市保健所の所長として岡山県から派遣。平成17年４月岡山県倉敷保健所長、兼ねて備中県民局次長（健康福祉部担当）となる。

平成21年３月に岡山県職員を定年退職。同年から、倉敷仁風ホスピタルで精神科医として勤務。岡山県在職中は、一時期岡山県公衆衛生看護学校や岡山県立大学の非常勤講師、同山県保健所長会長、各種団体役員・事務局長、委員会委員等を兼ねて務めた。医学博士（元岡山大学医学部公衆衛生学教室緒方正名名誉教授の御指導を受ける）。

現在、イワクラ（磐座）学会、全国及び岡山県良寛会・各種医学史及び精神医学会会員。イワクラ学会と同山県良寛会は理事。

「石」に救われる―石の書―

2024年12月19日　発行

著者　高木寛治

発行　吉備人出版

〒700-0823 岡山市北区丸の内2丁目11-22

電話 086-235-3456　ファクス 086-234-3210

ウェブサイト www.kibito.co.jp

メール books@kibito.co.jp

印刷　サンコー印刷株式会社

製本　日宝綜合製本株式会社

ISBN978-4-86069-746-4　C0095